普通高等教育"十三五"电工电子基础课程规划教材

# 电子技术实验

天津大学电子技术课程组　　编
王　萍　李　斌　　主编

机 械 工 业 出 版 社

电子技术实验是电子技术教学体系中不可缺少的一个重要教学环节，是提升电子技术课程质量的重要保证。本书根据高等学校电气信息类专业对电子技术基础实验教学的基本要求，在已有实验教材的基础上，结合多年实验教学改革的经验和体会编写而成。主要内容包括：电子技术实验基础知识，Multisim、Verilog HDL 及 Quartus Ⅱ 等 EDA 软件平台，模拟电子技术实验，数字电子技术实验和电子技术综合设计实验。

本书安排了较多不同层次的实验内容，涵盖基础训练、设计提高和综合设计三个方面，其中基础训练和设计提高在一个实验单元中分步进行，对于涉及的实验原理、EDA 软件等内容均进行了系统介绍。

本书可作为高等院校电气信息类专业的电子技术实验和课程设计教材，也可供从事电子技术专业的技术人员参考。

**图书在版编目（CIP）数据**

电子技术实验/王萍，李斌主编 . —2 版 . —北京：机械工业出版社，
2017.4（2023.1 重印）

普通高等教育"十三五"电工电子基础课程规划教材
ISBN 978-7-111-56194-1

Ⅰ. ①电… Ⅱ. ①王…②李… Ⅲ. ①电子技术—实验—高等学校—教
材 Ⅳ. ①TN-33

中国版本图书馆 CIP 数据核字（2017）第 039290 号

机械工业出版社（北京市百万庄大街 22 号 邮政编码 100037）
策划编辑：王雅新 责任编辑：王雅新 徐 凡
责任校对：樊钟英 封面设计：张 静
责任印制：常天培
北京中科印刷有限公司印刷
2023 年 1 月第 2 版第 4 次印刷
184mm×260mm · 14 印张 · 337 千字
标准书号：ISBN 978-7-111-56194-1
定价：32.00 元

电话服务 网络服务
客服电话：010 - 88361066 机 工 官 网：www.cmpbook.com
 010 - 88379833 机 工 官 博：weibo.com/cmp1952
 010 - 68326294 金 书 网：www.golden-book.com
**封底无防伪标均为盗版** 机工教育服务网：www.cmpedu.com

# 前　言

电子技术实验是对电气信息类学生进行综合能力培养的实践课程，是培养学生应用电子技术基础知识分析和解决实际工程问题能力的重要教学环节。随着知识更新及教学理念的变化，特别是学校"课程质量提升计划"的进行，人才培养对实验内容和实验手段都提出了新的更高的要求。

本书参照高等学校电气信息类专业对电子技术基础实验教学的基本要求，在已有实验教材的基础上，结合编者近年实践教学改革的经验和体会编写而成，主要内容包括：电子技术实验基础知识、EDA 软件简介、模拟电子技术实验、数字电子技术实验和电子技术综合设计实验等。

教材根据实验课程特点，将基础训练和设计提高逐层展开，既遵循循序渐进的原则，又提高实验的效率和效果。教材注重先进 EDA 仿真软件的运用，强调实验的系统性及电路硬件与计算机仿真实验的有效结合，使学生能够跟进最新技术，增强解决实际问题的能力，从而实现培养学生工程素质和创新意识的目标。

全书共分 5 章。第 1 章为电子技术实验基础知识，包括电子技术实验任务和要求、电子电路硬件测试与故障分析、基本电子元器件以及常用实验仪器介绍等。第 2 章介绍 Multisim、Verilog HDL 及 Quartus Ⅱ 等 EDA 相关知识，同时给出模拟和数字仿真基本实验原理和电路。仿真实验以使学生了解和掌握电子电路的基本仿真方法为重点，帮助学生尽快入门，为后续电子电路的分析设计建立基础。书中较系统地介绍了 EDA 软件的使用，这部分内容学生应以自学为主。第 3、4 章分别为模拟电子和数字电子技术实验，包括基础和设计性实验。一方面通过典型电路的学习、训练，使学生掌握和巩固基本知识、实验方法和技能；另一方面，同步跟进的设计性实验内容引导学生开拓思路，理解知识内涵。实验中涉及的工程应用问题，如时序配合、竞争冒险等，可使学生在理论知识学习的基础上，对非理想因素所带来的工程问题有感性认识。根据实验内容提出仿真要求，利用仿真软件对知识点举一反三，培养创新思维。第 5 章为综合设计型实验，是包括基本硬件实现和可编程逻辑器件实现的综合设计实验。实验内容和实验方式以启发和开拓学生思路、提高综合设计与调试能力、掌握现代电子设计方法及其应用为目的。安排的综合设计型实验，如步进电动机电路控制、SVPWM 算法实现等，有利于加快培养学生利用 EDA 技术解决实际问题的能力。

全书按基础训练、设计提高和综合设计实验三个方面展开。基础训练和设计提高在一个实验单元中进行，一般 4 学时一个实验单元。对于基础型实验，书中附有实验原理、参考电路等；设计提高实验内容要求学生在基础实验基础上设计电路，可以自学并独立完成实验；综合设计型实验作为电子技术课程设计的课题，要求在教师必要的指导下，学生自行设计并独立完成。

本书附录列出了实验中所用的集成芯片及其引脚排列图，以备选用。

全书按照实验单独设课的要求编排实验内容。为了适应不同教学学时、教学条件和实际情况的需要，书中安排了较多的实验题目和内容，任课教师可以因材施教，有选择地安排实验内容。

　　参加本书编写工作的教师包括许雪莹（第1章、附录）、李斌（第2、5章）、王萍（第3、4章）。本书由王萍和李斌担任主编负责统稿。教材的编写得到了天津大学电子技术课程组任英玉、吕伟杰、范娟、韩涛、魏继东、孙彪和严明等老师的大力支持，也得到了学校和学院以及实验中心的支持。吴俊、王智爽和郭嘉洁等对书中程序进行了全面调试，在此一并表示感谢。

编　者

# 目　　录

# 第 ① 章

# 电子技术实验基础知识

## 1.1 电子技术实验任务和要求

### 1.1.1 电子技术实验的任务

电子技术基础是一门实践性很强的课程，它的任务是使学生获得电子技术方面的基础理论、基本知识和基本技能，培养学生分析问题和解决问题的能力。电子技术实验课程是电子技术教学体系中不可缺少的一个重要教学环节，是提升电子技术课程质量的重要组成部分。通过实验教学，使学生较系统地学习和掌握实验的基本方法和手段，加强培养学生的工程应用能力和实践创新能力。

电子技术实验可分为基础训练、设计提高和综合设计等不同层次。

基础训练型实验主要以基本单元电路为主，为加强理论论证和实际技能的培养奠定基础。这类实验除了巩固加深一些重要的基础理论外，还将帮助学生认识现象，掌握电子技术的基本知识、基本方法和基本技能。

设计提高型实验要求学生根据实验要求自主设计电路，设计以单元电路为主。实验培养学生对基础知识及基本实验技能的运用能力，同时侧重于加强学生对单元功能电路的理解和灵活运用，提高学生综合运用知识的能力。

综合设计型实验以电子系统设计为主，要求满足一定性能指标和特定功能，对于学生来说既有综合性又有探索性。实验主要侧重于某些理论知识的灵活运用和实践创新。实验加深学生电子系统的整体概念，学习相应的实现方法。要求学生在教师的指导下独立进行查阅资料、设计方案与组织实验等工作。这类实验对于提高学生的素质和科学实验能力非常有益。

电子技术实验中，将电子电路仿真实验与电路硬件实验有效结合，充分利用仿真优势，配合硬件实验，取长补短，提高学生分析问题、解决问题的能力，提高学习效率。

EDA（电子设计自动化，Electronic Design Automation）技术是伴随着计算机、集成电路、电子系统设计发展起来的。随着可编程逻辑器件地不断推出，EDA 技术已成为理工科专业学生必备技能之一。通过 EDA 技术基础的学习，使学生了解 EDA 的基本原理和基本概念，掌握用硬件描述语言描述系统逻辑的方法。EDA 技术使用软件工具进行电子电路的模拟仿真实验及简单电子系统的设计，为学生提供一个发挥创造性的实验环境，提高学生的实践动手能力、创新能力和计算机应用能力，并为今后研究工程实际问题打下基础。

总之，在电子技术实验中应突出基本技能、综合应用能力、创新能力和计算机应用能力的培养，以适应培养面向21世纪人才的要求。

## 1.1.2　电子技术实验的要求

电子技术各个实验的目的和内容不同，实验步骤也不同，但基本要求是相同的。为了培养学生的良好习惯，充分发挥学生的主观能动性，促使学生独立思考、独立完成实验并有所收获，对实验提出以下基本要求。

**1. 实验前的预习**

1）实验前要对实验内容进行预习。要明确实验目的，了解所用实验仪器及其使用方法。

2）复习相关理论知识，掌握实验电路基本原理。

3）设计性内容要完成设计任务，拟出实验方法和步骤，设计实验表格，初步估算实验（包括参数和波形）结果。

4）根据需要完成计算机仿真内容。

5）写出实验预习报告。

**2. 实验中的要求**

1）参加实验者要自觉遵守实验室规则，确保人身安全。

2）实验仪器和实验电路的布局要按照信号流向安排，如输入信号源置于电路的左侧，而示波器置于电路的右侧等。

3）根据实验内容，按实验方案连接并测试电路。

4）认真记录实验条件、实验数据、波形，发生故障独立思考，并记录发生故障原因、排除故障的过程和方法。

5）设备或元器件发生故障应立即切断电源，报告老师等待处理。

6）实验结束时，将数据交与指导教师，教师同意后方可拆除线路，清理现场后离开实验室。

注意：在发生故障或修改线路时，务必切断电源，不可带电操作。

**3. 实验报告的撰写**

学生在完成每个实验后，均须撰写实验报告。撰写实验报告是实验教学中的重要环节，是培养学生科学实验的总结能力和分析思维能力的有效手段，也是一项重要的基本功训练。实验报告内容应包括实验目的、实验内容、实验原理、实验电路、实验仪器和元器件、实验结果以及分析讨论等。

基础和设计型实验报告主要包括以下内容：

（1）预习报告

1）列出实验目的、基本实验原理。

2）确定电路结构，画出电路原理图。

3）对于设计型实验，根据设计要求选择器件及参数。模拟电路给出参数的计算过程，数字电路给出设计过程。

4）拟出实验表格、实验步骤，说明各指标的测量方法。

（2）实验数据记录和处理

1）记录实验数据和波形。实验原始数据的记录是科学实验的重要环节，因此记录实验数据要真实、详尽、可靠，不可随意凑数或推算。

2）记录实验过程中出现的故障、发现的问题及解决的方法。

例如：实验过程中，发现测量结果与预想的发生矛盾，通过检查电路，发现某块电路接错，或某元件、某导线故障，逐一排除，改正或更换后重新测量。

（3）实验结果与分析

1）列出实验结果。根据需要，实验结果可用表格、波形图或文字表示。

2）实验结果分析。将实验结果与理论分析相比较，对于不一致的实验结果应分析其原因。

3）实验的收获、体会及改进建议。

实验报告是一份技术总结，是成功实验的答卷。报告要用规定的实验报告纸书写，要求内容齐全，表达清楚，文字、图表简洁、工整。

综合设计型实验报告，除了以上要求外，还包括方案选择、不同单元电路间的连接配合等方面的总结。一般包括以下内容：

1）设计名称。

2）设计任务和要求。

3）课题的不同方案设计和比较，说明所选方案的理由。

4）所选方案的原理框图。

5）单元电路设计、器件选择、元件明细以及电路参数计算（对于 EDA 实验需要编写源程序）。

6）给出完整的电路图。

7）说明不同单元电路的配合、工作原理。

8）电路（程序）调试方法步骤，调试中出现问题的分析与解决方法。

9）测试结果与分析。

10）仿真电路与结果（电路原理分析、程序逻辑分析、仿真波形、仿真指标结果和分析）。

11）收获体会（包括存在的问题和改进意见）。

12）参考文献。

## 1.2　电子电路硬件测试与故障分析

### 1.2.1　一般测试步骤

一个电子（或装置）电路，即使按照设计的电路参数进行（安装）搭接，往往也不一定能达到预期效果。这是因为电路在设计时，不可能周全地考虑各种复杂的客观因素（如元器件的误差、参数的分散性及环境的影响等），同时我们在搭接线路中可能存在这样或那样的问题，需要通过电路的测试和调整，来发现和纠正各种各样的问题，然后采取措施加以改进，使其达到预期的技术指标及电路设计要求。学会测试和调整电路，对于今后从事电子技术及其相关工作的人员是非常重要的。

（1）测试前的直观检查

1）电路搭接完毕，不要急于通电，应先检查连线是否正确。检查时可以以元器件为中心（晶体管或集成电路芯片），也可以对照原理图逐级进行，查看是否存在少线、多线或错线。

2）检查元器件安装情况，元器件引脚之间有无短路和接触不良，二极管、晶体管各引脚极性，电解电容的正负极性是否连接无误，集成电路芯片的引脚和摆放位置是否正确。

3）实验设备稳压电源极性，示波器、函数发生器连线是否正确。

4）实验电路的电源与地是否短路。

5）实验箱的电源指示灯是否点亮，若某路不亮，更换相应一路的保险管。

注意：所有测量仪器的地线与被测电路的地线应连接在一起，即所有仪器"共地"。

以上检查无误后，接通电源，开始电路调试。

（2）调试方法

我们知道，任何复杂电路都是由一些基本单元电路组成的，因此，调试时可以循着信号的流向逐级调整各单元电路，各单元调试好后，再进行整体调试。调试过程中，应"先调静态，再调动态"。

具体步骤如下：

1）通电观察。先将直流稳压电源调到要求值，此时先观察电路有无异常现象，包括电路有无冒烟、异味，元器件是否发烫，电源是否短路，实验箱指示灯是否点亮等。如有以上情况，立即关断电源，排除故障。若实验箱指示灯不亮，更换对应电源的保险管。一切检查完毕后，再次通电进行正常调试。

2）静态调试。所谓静态，是指在没有外加信号的条件下调试与调整电路各点的直流电位。例如模拟电路中的静态工作点、运放的零点误差调整；数字电路中的输入端和输出端的高低电平值及逻辑关系等。通过静态调整，可以及时发现已经损坏的元器件，也可以通过电路参数的调整，使之达到设计要求（例如做晶体管放大电路实验时，通过静态调整，使其静态工作点调整到合适位置）。

3）动态调试。动态调试是指电路存在外加输入信号或利用前级输出信号的工作状态。对于模拟电路，一般是指在电路的输入端接入一个频率幅度合适的正弦信号，循着信号的流向，用示波器和交流毫伏表逐级检测各有关点的参数和波形，发现故障，及时排除。注意，使用示波器时最好将输入方式置于"DC"档，通过直流耦合的方式，同时观测被测信号的交、直流成分。

## 1.2.2　常见故障及排除方法

（1）常见故障

1）测试设备引起的故障。设备本身可能存在故障，也可能学生对仪器使用不太熟悉引起的故障。

2）元器件本身的故障。如晶体管、电阻、电容、集成电路芯片等的损坏。

3）人为故障。接线时少接、漏接、错接，元器件型号搞错等。

4）电路接触不良引起的故障。接线过程中，元器件与面包板接触不良。

（2）排除故障的基本方法

1）直接观察法，排除明显故障。通电后，首先检查实验箱指示灯是否点亮，若有的灯不亮，则更换相应的保险管；再检查直流稳压电源上的电流指示值是否超出额定值，如果电源显示短路，则调整稳压电源的电流额定值；最后检查元器件与面包板连接是否正确，接触是否良好。

2）用万用表检查静态工作点。检查静态工作点，可以通过理论知识分析，找出故障原因。例如做晶体管放大电路实验时，将测量静态工作点与设计值进行比较，如果测量数据与计算值悬殊较大则调整电路数据，使之达到设计要求。

3）采用信号跟踪法对电路作动态检查。在被测电路的输入端接入一个幅度和频率合适的信号，利用示波器和交流毫伏表，按信号的流向，从前级到后级逐级检查幅值和波形的变化情况；或者将级间断开，分别检查各级电路，检查无误后，再连接各级。

4）元器件替换法。当怀疑某一级电路有问题时，可以更换某一个元器件或集成电路芯片，所以连接电路时，尽量不要在集成电路芯片上通过导线，以便能够方便地更换芯片。

# 1.3　基本元器件

## 1.3.1　电阻和电容

电子电路一般都是由有源器件、无源器件和接插件等组成的，电阻器和电容器是最常用的无源电子元件。

### 1. 电阻器

电阻器简称电阻，电阻的种类很多，有不同的分类方法。若按材料分有碳膜电阻、金属膜电阻和线绕电阻等；若按外形结构分有固定电阻和可变电阻（电位器）。

电阻的标示方法有直标法和色标法。直标法是用数字和单位符号在电阻表面直接标出标称电阻值、允许误差。色标法常见的有 4 环和 5 环两种。4 环色标电阻中第 1 条色环和第 2 条色环分别表示电阻的第 1 位和第 2 位有效数字，第 3 条色环表示 10 的乘方（$10^n$，$n$ 为颜色所表示的数字），第 4 条色环表示允许误差（若无第 4 条色环，则表示允许误差是 20%）。某 4 环色标电阻如图 1-1a 所示，表示电阻值为 $10 \times 10^4 \Omega = 100\text{k}\Omega$，误差是 5%。5 环电阻表示精密电阻，第 1 至第 3 条色环表示有效数字，第 4 条色环表示 10 的乘方（$10^n$，$n$ 为颜色所表示的数字），第 5 条色环表示允许误差。某 5 环色标电阻如图 1-1b 所示，表示电阻值为 $100 \times 10^2 \Omega = 10\text{k}\Omega$，误差是 5%。各种颜色对应的数值如表 1-1 所示。

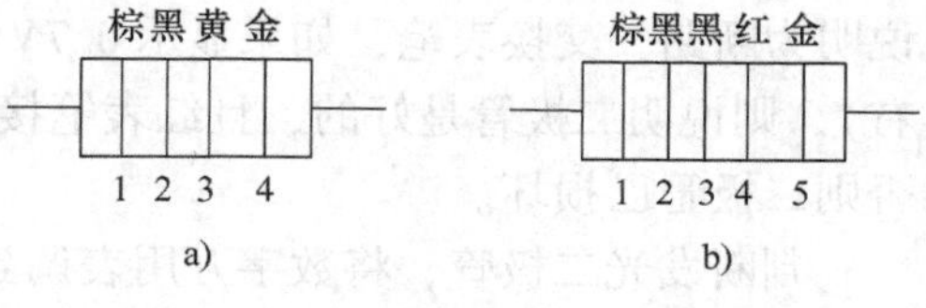

图 1-1　色环电阻的读法

表 1-1　电阻色环颜色对应值

| 颜色 | 棕 | 红 | 橙 | 黄 | 绿 | 蓝 | 紫 | 灰 | 白 | 黑 | 金 | 银 | 无色 |
|------|----|----|----|----|----|----|----|----|----|----|----|----|------|
| 数字 | 1 | 2 | 3 | 4 | 5 | 6 | 7 | 8 | 9 | 0 | — | — | — |
| 误差 | — | — | — | — | — | — | — | — | — | — | ±5% | ±10% | ±20% |

### 2. 电位器

电位器又称为可调电阻，实验室常用的电位器是微调电位器。电阻值一般用 3 位数字标注，前 2 位表示有效数字，第三位是 10 的乘方，如 104 为 $10 \times 10^4 \Omega = 100\text{k}\Omega$。

**3. 电容器**

电容的基本功能是储存电荷，主要用于交流耦合、隔直、滤波、RC 定时和 LC 谐振等。最常见的有云母电容、电解电容、可变电容和微调电容等。其标示方法有直读法、文字符号法和色标法。

1）直读法：主要用于体积较大的电容，一般标称容量、额定电压和允许误差。实验室用到的电解电容采用直读法，且注明了极性。

2）文字符号法：这种方法有几种情况，数字表示的是有效数字，字母表示数量级，如 μ、n、p 等。μ 表示微法（$10^{-6}$ F），n 表示纳法（$10^{-9}$ F），p 表示皮法（$10^{-12}$ F）；字母也表示小数点，如 3μ3 表示 3.3μF，3p3 表示 3.3pF；若用 3 位数字表示，其中 1、2 位表示容量的有效数字，第 3 位表示有效数字后 0 的个数，单位为 pF，如 103 表示 $10 \times 10^3$ pF = 0.01μF，104 为 $10 \times 10^4$ pF = 0.1μF 等。

3）色标法：读法类似色环电阻的读法，实验室不经常用，此处省略。

## 1.3.2　二极管和晶体管

**1. 二极管**

（1）二极管种类

二极管种类繁多，分类方法如下：按照其材料可分为锗二极管和硅二极管，另有砷化镓二极管等；按照其结构可分为点接触型和面接触二极管；按照其作用可分为整流二极管、检波二极管、开关二极管、稳压二极管、发光二极管；按照其原理可分为隧道二极管、雪崩二极管和变容二极管等。

二极管的作用有整流、检波、开关、钳位、限幅、稳压等，另外发光二极管还有电源指示和照明作用。我们实验室中将用到的二极管有 1N4002、1N4004、发光二极管、玻封 6V 稳压管等。

（2）用万用表判断二极管的好坏和极性

对于数字式万用表，测量二极管应使用"二极管测量"档。如果显示"1"或"OL"，说明为断路，交换表笔，如果显示 0.7V 左右的电压值（锗管为 0.3V 左右，硅管为 0.7V 左右），则说明二极管是好的，且红表笔接的是二极管的正极，黑表笔接的是二极管的负极；否则二极管已损坏。

判断发光二极管，将数字万用表调到"二极管测量"档，红表笔接二极管的正极，黑表笔接二极管的负极。如果二极管发光则表明该发光二极管是好的，如果不发光则表明该发光二极管已损坏。

**2. 晶体管**

晶体管有多种类型，按极性分 NPN 和 PNP 两大类。

（1）晶体管的参数

晶体管的参数包括直流参数、交流参数和极限参数。一般应重点掌握晶体管以下主要参数：①电流放大倍数；②集电极最大允许电流；③反向漏电流也叫穿透电流；④集电极到发射极之间的反向击穿电压；⑤集电极最大允许耗散功率；⑥特征频率。实验室常用的晶体管有 9012（PNP）、9013（NPN），外形如图 1-2 所示。

图 1-2　晶体管外形图

常见的晶体管有低频小功率晶体管，一般指特征频率在 3MHz 以下，功率小于 1W 的晶体管，主要用于收音机、电视机及各种电子设备中作低放、功放管，输出功率小于 1W；高频小功率晶体管，一般指特征频率大于 3MHz，功率小于 1W 的晶体管，主要用于高频振荡电路、放大电路中。

低频大功率晶体管，主要指特征频率在 3MHz 以下，功率大于 1W 的晶体管，这类晶体管应用范围较广，如在电子音响设备的低频功率放大电路中用作功放管，在各种大电流输出稳压电源中用作调整管，在低速开关电路中用作开关管等；高频大功率晶体管，主要指特征频率大于 3MHz，功率在 1W 以上的晶体管，主要在无线通信等设备中，用于功率驱动、放大，低频功率放大或开关、稳压电路。

（2）用万用表判断晶体管的好坏和极性

测量晶体管要用到数字万用表的"二极管测量"档位。首先分别对三个管脚颠倒测量，其中会出现两次二极管的导通电压值（锗管为 0.3V 左右，硅管为 0.7V 左右），那么这两次的公用极（即重复的那端）为晶体管的 B（即基极），若 B 极接的是红表笔则是 NPN 型管，若 B 极接的为黑表笔则是 PNP 型管。然后再来确认 C 极和 E 极。其实在上一步中，细心的读者也许会发现两个导通电压有微弱的差别，其中电压较高的为 BE 间电压，较低的为 CB 间电压，这样便可判断出来 C 极和 E 极了。另一种判别办法是将三极管的三个脚插进万用表的 hFE 测量孔，用 hFE 档测量放大倍数。

① 将晶体管分别插入 NPN 型或 PNP 型的 e、b、c 插孔，并改变晶体管引脚方向，再分别插入，如果万用表的读数均为 0，表明晶体管已损坏。

② 将晶体管插入 NPN 型的 e、b、c 插孔，改变晶体管方向再插入，如果 2 次万用表的读数均为 0，再插入 PNP 型的 e、b、c 插孔，万用表一个读数较小，一个读数较大，那么这个晶体管是 PNP 型的，且读数较大的为正确的插入顺序，三个引脚对应万用表上所标字母。

### 1.3.3 常用集成电路应用基础

集成电路按功能可分数字集成电路、模拟集成电路两大类；按制作工艺分为薄膜集成电路、厚膜集成电路；按集成度可分为小规模集成电路、中规模集成电路、大规模集成电路和超大规模集成电路等。集成电路的封装形式有晶体管式封装、扁平封装和直插式封装。双列直插式封装集成电路的引脚排列次序有一定的规律，一般从顶部向下看，左下角作为 1 管脚，按逆时针数起（一般管脚 1 有小圆点或芯片左端有个半圆凹槽）。

1. 集成运算放大电器就是一种模拟集成电路，实验室常用的集成运算放大电器有 LM324、LP324 和 μA741 等。

2. 数字集成门电路有双极型集成电路，如 DTL、TTL、ECL。单极型集成电路有 PMOS、NMOS、CMOS 等。最常用的是 TTL、CMOS 集成门电路。而 CMOS 是当前数字集成门电路的主流，功耗低，一般电池供电的电子产品几乎都采用 CMOS 电路。

1）TTL 集成门电路有 74、74S、74LS、74F、74ALS、74AS 系列等。74F 系列工作速度最高，74 系列工作速度最低，74ALS 系列功耗最低。

2）CMOS 集成门电路功耗低，约是 TTL 的 1/10～1/100，CMOS 集成电路有标准的 4000B 系列、高速型的 74HC 系列和 74AC 超高速系列。

实验室常用的集成电路芯片参数及引脚排列请参见附录。

## 1.4　常用实验仪器简介

### 1.4.1　可编程线性直流电源

DP832 系列可编程线性直流电源的前面板示意图如图 1-3 所示。

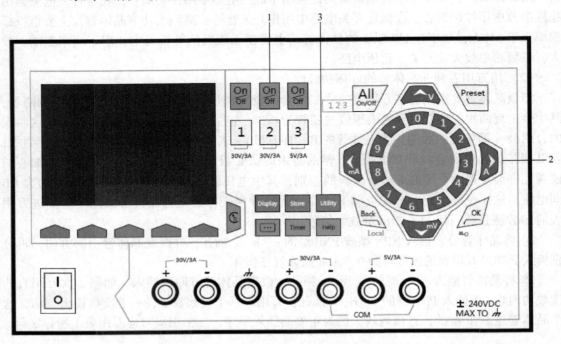

图 1-3　直流稳压电源前面板示意图

1—通道选择与输出开关键　2—参数输入区　3—功能菜单区

该设备能提供以下直流电压：5V/3A 固定电压；0~30V/3A 两组连续可调电压。

使用说明：

**1. 通道选择与输出开关**

打开电源总开关，通道 1、2 为两组连续可调电压，通道 3 为 5V 固定电压。分别设定各通道电压、电流、电压过流保护等，按下相应的通道开关，打开或关闭该通道的输出。通道 3 无需设定电压，直接输出 5V 固定电压。

**2. 参数输出区**

各通道参数的设定可以通过数字键盘（包括 0~9 和小数点），选择合适的单位直接输入；也可以移动光标位置，使用"▲""▼"键增大或减小光标的数值；还可以通过旋转中心的旋钮增大或减小光标处的数值。

"Preset"：将仪器所有设置恢复为出厂默认值，或调用用户自定义的通道电压/电流配置。

"OK"：确认参数的设置。长按该键，可锁定前面板按键，此时除各通道对应的输出开关和电源开关键之外，前面板其他按键不可用。再次长按该键，可解除锁定。

"Back"：删除当前光标前的字符。

**3. 功能菜单区**

"Display"：按下该键进入参数设置界面，可设置屏幕的亮度、对比度、颜色亮度、显示模式和显示主题。此外，还可以自定义开机界面。

"Store"：按下该键进入文件存储与调用界面，可进行文件的保存、读取、删除、复制和粘贴等操作。

"Utility"：按下该键进入系统辅助功能设置界面，可设置远程接口参数、系统参数、打印参数等。

"···"：按下该键进入高级功能设置界面，可设置录制器、分析器（选件）、监测器（选件）和触发器（选件）的相关参数。

"Timer"：按下该键进入定时器与延时器界面，可设置定时器和延时器的相关参数。打开和关闭定时器和延时器功能。

"Help"：按下该键打开内置帮助系统，按下需要获得帮助的按键，可获取对应的帮助信息。

**注意事项：**

1）实验过程中，若需修改线路，请将相应通道的电源关掉，不要带电操作。

2）实验结束后，关掉电源总开关。

## 1.4.2　函数发生器

DG4062 函数发生器前面板示意图如图 1-4 所示。

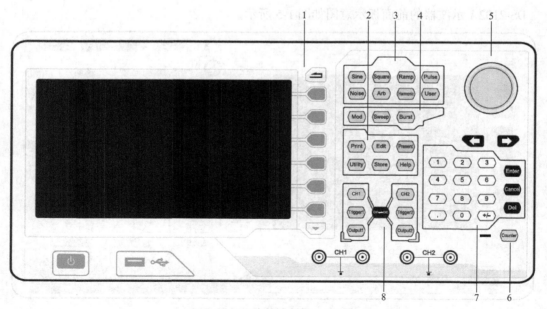

图 1-4　函数发生器前面板示意图

1—菜单软键　2—辅助功能键　3—波形选择区　4—模式选择区

5—旋钮　6—频率计　7—数字键盘　8—通道控制区

使用说明：

1. 打开电源开关，屏幕显示两通道信号。屏幕右侧菜单软键与其左侧菜单一一对应，按下任一软键激活对应的菜单。

2. 按下"output1"（output2）键，背灯变亮，对应输出端 CH1（CH2）会以当前配置输出波形。

3. 当选择通道 CH1（CH2）后，背灯变亮，用户可以设置 CH1（CH2）的波形、参数和配置。

4. 若选择通道 CH1 = CH2 时，两通道输出波形参数一致。

5. 面板示意图右上方的旋钮，用于增大（顺时针）或减小（逆时针）当前突出显示的数值，旋钮下面的方向键，可以切换数值的位。

参数设置时，首先在波形选择区选择合适波形，通过屏幕右侧软键选择参数类型，可以用数字键直接输入，也可以用旋钮或方向键输入，注意选择合适的参数单位。

6. 按下"Counter"键，开启或关闭频率计功能。频率计开启时，"Counter"按键背灯变亮，左侧指示灯闪烁。

此外还有模式选择区，可选择"Mod"调制、"Sweep"扫频、"Burst"脉冲串等功能，此处省略。

**注意事项：**

1）当调好需要的波形、参数后，要打开输出端"output"开关，否则没有信号输出。

2）"Preset"键用于将仪器状态恢复到出厂默认值或用户自定义状态。

### 1.4.3 示波器

DS-2102A 示波器的前面板示意图如图 1-5 所示。

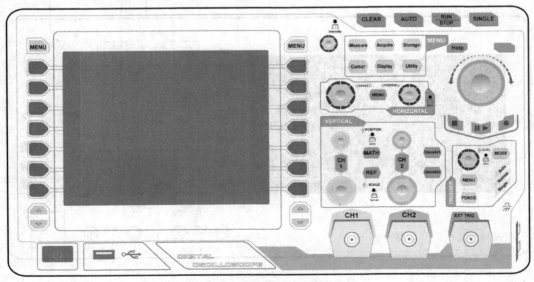

图 1-5 示波器的前面板示意图

### 1. 面板功能

1）垂直控制（VERTICAL）。"CH1"、"CH2"：模拟输入通道。2 个通道标签用不同颜色标识，并且屏幕中的波形和通道输入连接器的颜色也与之对应。按下任一按键打开相应通道菜单，再次按下关闭通道。

"MATH"：按下该键打开数学运算菜单。可进行加、减、乘、除、FFT、逻辑以及高级运算。

"REF"：按下该键打开参考波形功能，可将实测波形和参考波形比较。

"POSITION"：修改当前通道波形的垂直位移。顺时针转动增大位移，逆时针转动减小位移。修改过程中波形会上下移动，同时屏幕左下角弹出的位移信息实时变化。按下该旋钮可快速将垂直位移归零。

"SCALE"：修改当前通道的垂直档位。顺时针转动减小档位，逆时针转动增大档位。修改过程中波形显示幅度会增大或减小，实际幅度保持不变，同时屏幕下方的档位信息实时变化。按下该旋钮可快速将切换垂直档位调节方式为"粗调"或"微调"。

2）水平控制（HORIZONTAL）。"MENU"：按下该键打开水平控制菜单。可开关延迟扫描功能，切换不同的时基模式，切换档位的微调或粗调，以及修改水平参考设置。

"SCALE"：修改水平时基。顺时针转动减小时基，逆时针转动增大时基。修改过程中，所有通道的波形被扩展或压缩显示，同时屏幕上方的时基信息实时变化。按下该旋钮可快速切换至延迟扫描状态。

"POSITION"：修改水平位移。转动旋钮时触发点相对屏幕中心左右移动。修改过程中，所有通道的波形左右移动，同时屏幕右上角的触发位移信息实时变化。按下该旋钮可快速复位触发位移（或延迟扫描位移）。

3）触发控制（TRIGGER）。"MODE"：按下该键切换触发方式为 Auto、Normal 或 Single，当前触发方式对应的状态背灯会变亮。

"LEVEL"：修改触发电平。顺时针转动增大电平，逆时针转动减小电平。修改过程中，触发电平线上下移动，同时屏幕左下角的触发电平消息框中的值实时变化。按下该旋钮可快速将触发电平恢复至零点。

"MENU"：按下该键打开触发操作菜单。本示波器提供丰富的触发类型。

"FORCE"：在 Normal 和 Single 触发方式下，按下该键将强制产生一个触发信号。

4）功能键

① AUTO：按下该键启用波形自动设置功能。示波器将根据输入信号自动调整垂直档位、水平时基以及触发方式，使波形达到最佳状态。注意：在实际检测中，应用自动设置时，要求被测信号的频率不小于50Hz，占空比大于1%，且幅度至少为20mVpp。如果不满足此参数范围，按下该键后可能会弹出"未检测到任何信号！"消息框，而且用户界面可能不显示快速参数测量菜单。

② CLEAR：按下该键清除屏幕上所有的波形。如果示波器处于"RUN"状态，则继续显示新波形。

③ RUN/STOP：按下该键将示波器的运行状态设置为"运行"或"停止"。"运行"状态下，该键黄灯点亮。"停止"状态下，该键红灯点亮。

④ SINGLE：按下该键将示波器的触发方式设置为"single"。单次触发方式下，按 FORCE 键立即产生一个触发信号。

5）多功能旋钮 Intensity

① 调节波形亮度。非菜单操作时（菜单隐藏），转动该旋钮可调整波形显示的亮度。亮度可调节范围为 0% 至 100%。顺时针转动增大波形亮度，逆时针转动减小波形亮度。按下旋钮将波形亮度恢复至 50% 也可使用"Display"旋钮调节波形亮度。

② 菜单操作时，按下某个菜单软键后，转动该旋钮可选择该菜单下的子菜单，然后按下旋钮可选中当前选择的子菜单。该旋钮还可以用于修改参数、输入文件名等。

6）导航旋钮。示意图右上方的旋钮为导航旋钮，对于某些可设置范围较大的数值参数，该旋钮提供了快速调节/定位的功能。顺时针（逆时针）旋转增大（减小）数值；内层旋钮可微调，外层旋钮可粗调。

7）功能菜单。"Measure"：按下该键进入测量设置菜单。可设置测量参数、全部测量、统计功能等。按下屏幕左侧的"MENU"，可打开 24 种波形参数测量菜单，然后按下相应的菜单软键快速实现"一键"测量，测量结果将出现在幕屏底部。

"Acquire"：按下该键进入采样设置菜单。可设置示波器的获取方式、存储深度和抗混叠功能。

"Storage"：按下该键进入文件存储和调用界面。可存储的文件类型包括：轨迹存储、波形存储、设置存储、图像存储和 CSV 存储。图像可存储为 bmp、png、jpeg、tiff 格式。同时支持内、外部存储和磁盘管理。

"Cursor"：按下该键进入光标测量菜单。示波器提供手动、追踪、自动测量和 X-Y 四种光标模式。注意：X-Y 光标模式仅在水平时基为 X-Y 模式时可用。

"Display"：按下该键进入显示设置菜单。设置波形显示类型、余辉时间、波形亮度、屏幕网格、网格亮度和菜单保持时间。

"Utility"：按下该键进入系统辅助功能设置菜单。设置系统相关功能或参数，例如接口、声音、语言等。此外，还支持一些高级功能，例如通过/失败测试、波形录制和打印设置等。

8）波形录制。录制：按下示意图右侧的"⦿"键开始波形录制，同时该键红色背灯开始闪烁。此外，打开录制常开模式时，该键红色背灯也不停闪烁。

回放/暂停：在停止或暂停的状态下，按下示意图右侧的"⦿"键回放波形，再次按下该键暂停回放，按键背灯为黄色。

停止：按下示意图右侧的"⦿"键停止正在录制或回放的波形，按键背灯为橙色。

9）打印。按下示意图右侧的打印机键执行打印功能或将屏幕保存到 U 盘中。若当前已连接 PictBridge 打印机，并且打印机处于闲置状态，按下该键将执行打印功能。若当前未连接打印机，但连接 U 盘，按下该键则屏幕图形默认以".bmp"格式保存到 U 盘中（若当前存储类型为图像存储时，会以指定的图片格式保存到 U 盘。同时连接打印机和 U 盘时，打印机优先级较高。

**2. 使用时注意事项**

1）一般信号的测量，将探头连接被测信号，按下"AUTO"，信号即稳定。

2）当使用示波器厂家自带的测试探头时，无论使用通道 1 或通道 2，按下"CH1"或"CH2"键，将屏幕右侧菜单中的探头比调成"10×"。

3）如果使用通道 1 时，按下"CH1"键，将屏幕右侧菜单的"50Ω"改为"1MΩ"，否则不能检测到波形。

4）测量菜单的开关：按下"Measure"，选择全部测量的关闭或打开。

5）如果被测信号幅值＜20mVpp 时，无法在 AUTO 模式下观测到波形，按下"CH1"键，宽带调制选为"20M"；按下"Acquire"键，选"采样"，获得方式"平均"，平均次数选"32"或"64"，才能观测到稳定的波形。

## 1.4.4  万用表

B35 万用表前面板示意图如图 1-6 所示。

测量范围：

直流电压量程：60.00mV，600.00mV，6.00V，60.00V，600.0V，1000V。

交流电压量程：60.00mV，600.00mV，6.00V，60.00V，600.0V，750V。

电流量程：600.0μA，6000μA，60.00mA，6.000A，20.00A。

电阻量程：600.0Ω，6.000kΩ，60.00kΩ，600.0kΩ，6.000MΩ，60.00MΩ。

电容量程：40.00nF，400.0nF，4.000μF，40.00μF，400.0μF，4000μF。

频率量程：9.999Hz，99.99Hz，999.9Hz，9.999kHz，99.99kHz，999.9kHz。

### 1. 按键说明

"Select"：功能选择键。选择"AC"或"DC"；选择摄氏度（℃）或华氏度（℉）。

"Range"：选择自动、手动量程。

"Hz/Duty"：选择测量频率、占空比。

"Max/Min"：捕获最大值、最小值。

"¤/H"：背光或读数保持。

"△/⊱"：相对值、蓝牙。

### 2. 注意事项

1）当仪表使用完，请将旋转开关置于"OFF"位置。

2）在进行任何测量之前，应先观察万用表的旋转开关的位置，然后将表笔连接到对应的测试端。

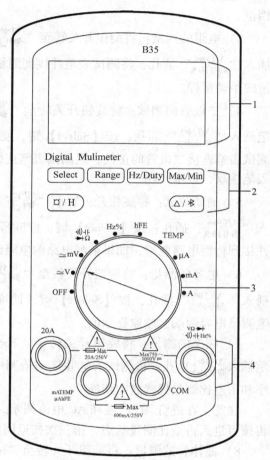

图 1-6  万用表前面板示意图
1—显示屏  2—功能键  3—旋钮开关  4—输入端

3）测量值如超出量程，则显示"OL"。

### 3. 万用表的使用方法

1）交直流电压的测量：将旋钮开关转至相应的"≃V"或"≃mV"的位置；黑表笔插入"COM"插孔，红表笔插入"VΩ⊶Hz%"插孔，此档默认为直流电压测量模式，屏幕显示DC；按【Select】键可切换至交流电压测量模式，屏幕显示 AC；测试表笔并接在被测负载或信号线上，即可得到电压值；按【Range】键可进入并切换当前档位的手动量程。

2）交直流电流的测量：将旋钮开关转至相应的"μA"或"mA"或"A"的位置；黑表笔插入"COM"插孔，红表笔插入"$\frac{mATEMP}{\mu AhFE}$"插孔（最大为 600mA）或"20A"插孔（最大为 20A）；将测试表笔串接在被测电路中，被测电流值及红表笔的电流极性将显示在液晶显示器上；此档默认为直流电流测量模式，屏幕显示 DC；按【Select】键可切换至交流电流测量模式，屏幕显示 AC；按【Range】键可进入并切换当前档位的手动量程。

注意：如显示屏显示"OL"，表示输入已超过所选量程，旋钮开关应转至更高的量程档位。

3）电阻的测量：将旋钮开关转至"$\stackrel{\text{·网比}}{\Omega}$"档位；将黑表笔插入"COM"插孔，红表笔插入"$\stackrel{V\Omega\rightarrow}{\text{·网比Hz%}}$"插孔，将测试表笔并接到测量电阻上；按【Range】键可进入并切换当前档位的手动量程。

4）二极管的测试：将旋钮开关转至"$\stackrel{\text{·网比}}{\Omega}$"档位；将黑表笔插入"COM"插孔，红表笔插入"$\stackrel{V\Omega\rightarrow}{\text{·网比Hz%}}$"插孔；按【Select】键，使屏幕显示"→▶"，进入二极管测量状态；将红测试表笔连接二极管的正极，黑测试表笔连接二极管负极，读取二极管的正向偏压值，如果表笔接反，显示"OL"。

5）通断测试：将旋钮开关转至"$\stackrel{\text{·网比}}{\Omega}$"档位；将黑表笔插入"COM"插孔，红表笔插入"$\stackrel{V\Omega\rightarrow}{\text{·网比Hz%}}$"插孔；按【Select】键，使屏幕显示"◀》"，进入通断测试状态；将测试表笔并接到待测电路两端，如果被测电路的电阻值低于 30Ω，内置蜂鸣器发出连续响声。

6）电容的测量：将旋钮开关转至"$\stackrel{\text{·网比}}{\Omega}$"档位；将黑表笔插入"COM"插孔，红表笔插入"$\stackrel{V\Omega\rightarrow}{\text{·网比Hz%}}$"插孔，按【Select】键，使屏幕显示单位 F，进入电容测量状态；用红黑表笔测量电容两端，读取显示值。

7）频率的测量：将旋钮开关转至"Hz%"档位；将黑表笔插入"COM"插孔，红表笔插入$\stackrel{V\Omega\rightarrow}{\text{·网比Hz%}}$插孔；将测试表笔并接到待测电路上，读取频率值；按【Hz/Duty】键可在频率和占空比测量模式之间切换。

注意：在进行 AC 电压和 AC 电流测量时，按【Hz/Duty】键一次可进入频率测量状态，再按可进入占空比测量状态，第三次按返回原测量状态。

8）晶体管的测量：将旋钮开关转至"hFE"档位；将多功能测试座的"＋"端插入万用表的"$\frac{mATEMP}{\mu AhFE}$"端，"－"端接入"COM"端；判别晶体管是 NPN 或 PNP 型，然后将 C、B、E 三个管脚对应插入测试座，读取晶体管的 hFE 值。

9）温度测量：将旋钮开关转至"TEMP"档位；将 K 型热电偶的红色端接入"$\frac{mATEMP}{\mu AhFE}$"，黑色端接入"COM"端；用热电偶的测量端测量待测物的表面或内部，读取数值；按【Select】键可在℃和℉之间更改温度单位。

**4. 使用蓝牙**

B35 万用表可通过蓝牙与安卓智能设备进行通信。使用应用软件，可在安卓平台的手机或平板电脑上观测万用表的数据，进行远程控制，显示数据图表，并将测量数据以 CSV 格式存储。一部手机或平板电脑可同时连接多台万用表。

注：蓝牙通信的有效距离为10m，在大范围空旷无遮拦的环境下有效距离更远，甚至可达到20m以上。万用表端的蓝牙功能在闲置10分钟后会自动关闭。

1）移动设备系统要求　蓝牙连接；安卓4.0版本以上（对于4.0以下，仅支持部分功能）。

2）安装应用软件　在移动设备端安装万用表应用程序，登陆www.owon.com.cn下载APK安装包。

3）连接

①万用表开机后，长按【△/★】键直到显示屏左上角出现蓝牙标志。

②在移动设备端，进入蓝牙设置，开启蓝牙并扫描查找设备，扫描到"OWON　BDM＊＊＊＊＊＊＊"后（"＊＊＊＊＊＊＊"为万用表机身上的序列号），选择与此设备配对。

③在移动设备上开启万用表应用程序，并与万用表进行连接。

④单击左上方设备图标进行连接。

## 1.4.5　交流毫伏表

DF1932交流毫伏表是双通道全自动数字交流毫伏表。

**1. 技术参数**

1）交流电压测量范围：$100\mu V \sim 300V$。

2）dB测量范围：$-80 \sim 50dBV$（$0dB = 1V$）。

3）dBm测量范围：$-77 \sim 52dBm$（$0dBm = 1mW\ 600\Omega$）。

4）量程：3mV，30mV，300mV，3V，30V，300V。

5）频率范围：$5Hz \sim 2MHz$。

6）电压测量误差：（以1kHz为基准，20℃环境温度下）

$50Hz \sim 100kHz$　　$\pm 1.5\%$读数$\pm 8$个字；

$20Hz \sim 500kHz$　　$\pm 2.5\%$读数$\pm 10$个字；

$5Hz \sim 2MHz$　　　$\pm 4.0\%$读数$\pm 20$个字。

7）dB测量误差：$\pm 1$个字。

8）dBm测量误差：$\pm 1$个字。

9）输入电阻：$10M\Omega$；

输入电容：$< 30pF$。

10）噪声：输入短路时为0个字。

**2. 使用方法**

1）打开电源开关，仪器进入使用提示和自检状态，自检通过后即进入测量状态。

2）在仪器进入测量状态后，仪器处于手动方式（量程300V，dB显示）。当采用手动测量方式时，在加入信号前请选择合适的量程。

3）当仪器设置为自动测量方式时，仪器可根据被测信号的大小自动选择测量量程（手动与自动测量方式可通过"AUTO/MANU"键来选择）。当仪器在自动方式下且量程处于300V档时，若"OVER"灯亮起表示过量程，此时电压显示"▶▶▶▶"V，dB显示为"▶▶▶▶"dB，表示输入信号过大，超过了仪器的使用范围。

4）当仪器设置为手动测量方式时，可根据仪器的提示设置量程。若"OVER"灯亮起表示过量程，此时电压显示"▶▶▶▶"V，dB 显示为"▶▶▶▶"dB，应该手动切换到更高的量程。当"UNDER"灯亮起表示欠量程，应切换到较低的量程。

5）在使用过程中，若面板上的量程指示为"◀◀▶"，表示此时的量程设置处于中间位置，量程可以加大，也可以减小。若量程指示为"◀◀◀"时，表示量程处于最大300V 档，此时只可减小，若量程指示为"▶▶▶"时，表示量程处于最小 3mV 档，此时只可加大。

6）当仪器设置为手动测量方式时，从输入端加入被测信号后，只要量程选择恰当，读数马上显示出来；当仪器设置为自动测量方式时，由于要进行量程的自动判断，读数显示略慢于手动测量方式。在自动测量方式下，允许用手动设置按键设置量程。

## 1.4.6　电子技术综合实验箱

综合实验箱前面板示意图如图 1-7 所示。

实验箱使用说明如下：

### 1. 注意事项

电源电压的调整必须在断开所有电源输出线的情况下进行，否则有可能导致整个连接设备烧毁。电源输出电压调整，必须用万用表核对实际输出值无误后，再与设备连接。连接时必须在电源所有输出都关闭的情况下进行。

严禁带电插拔元器件和连接线，在插拔元器件和连接线时必须关闭电源。

实验箱接好电源以后，实验箱上相应的电源指示灯亮起，如果哪个灯不亮，更换相应的保险管。

### 2. 面板上的电源插孔

1）数字电源　标有"+5V"和"⊥"的一对插孔，为了适应不同孔径的插头，每个极性插孔都是大、小两个插孔，内部是连在一起的。箱内备有电源连接线，用连接线接到稳压电源的接线柱上。注意，一要认清极性，二要测准电压值，错误的极性、电压值会造成实验箱器件的烧毁、损坏。

警告：严禁将模拟电源接入数字电源插孔。

2）模拟电源　标有"V₊"和"V₋"的插孔，以及各自对应的地线插孔，是两对电源插孔。每个极性插孔都是大、小两个插孔，内部是连在一起的，适应不同孔径的插头。①只需一组正电源（多数使用情况）时，则将稳压电源（见图 1-3）中的一组正极接"V₊"，负极接相应的地。②只需一组负电源（多数使用情况）时，则将稳压电源中的一组负极接"V₋"，正极接相应的地。③使用一组正电源和一组负电源（常用双电源接法，如双电源运算放大器的电源）时，则将稳压电源的一组（30V，3A）正极接"V₊"，负极接地，另一组（30V，3A）正极与前一组负极相连接，第二组的负极接"V₋"，这样就接成了双电源。切记：同数字电源接线时一样，一要认清极性，二要测准电压值，错误的极性、电压值会造成实验箱器件的烧毁而损坏。

3）面包板的右方共有 4 组数字电源接线插孔　这 4 组电源接线插孔在箱内和数字电源输入插孔相连，可以方便地用单股导线将数字电源接入面包板。

4）面包板的左方共有 2 组模拟电源接线插孔　这 2 组电源接线插孔在箱内和模拟电源输入插孔相连，可以方便地用单股导线将模拟电源接入面包板。

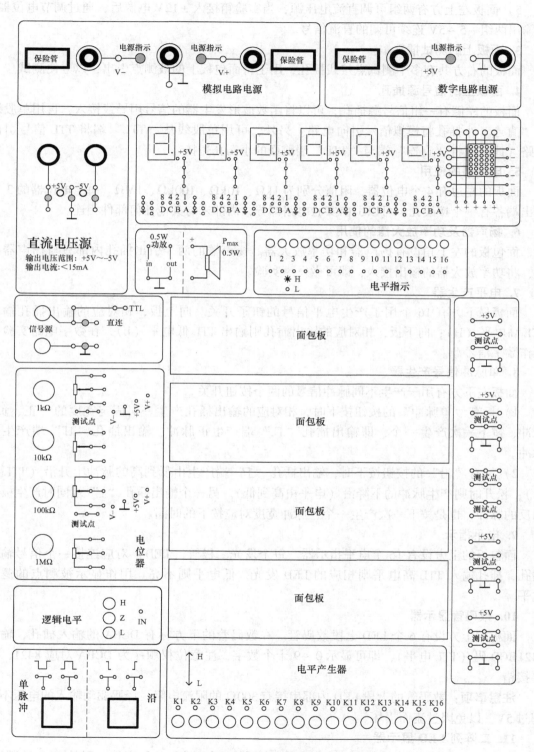

图 1-7　综合实验箱前面板示意图

5）面板左上方有两组可调直流电压源，当实验箱接入 ±12V 电源后，通过调节电位器，可输出两组 −5 ~ 5V 连续可调的直流信号。

### 3. 面板上的测试插孔

面板的右方共有多个测试点接线插孔，用于将面包板上的被测点引出，以方便测试。

### 4. 面板上的信号源插孔

面板的左侧有一组信号源插孔，可以将函数波形发生器的信号用导线接入，再用单股线从"直连"小插孔将模拟信号引向电路。另外，可用单股线从"TTL"端将 TTL 信号引向电路（此时应将"直连"端与"TTL"端前面的小插孔短接）。

### 5. 电位器的使用

面板的左边有 4 个电位器，阻值分别为 1kΩ、10kΩ、100kΩ、1MΩ。每个电位器的 3 个引出端各有一个接线孔，可以引向实验电路部分，内部未与其他任何部件相连。

### 6. 扬声器及功率放大器的使用

面包板的左上角设有扬声器和功率放大器。扬声器的两个引出插孔内部只与扬声器相连，将功率放大器的输出接入，即可做发声实验。

### 7. 电平产生器

面板最下方有 16 个用于产生电平信号的钮子开关。向上扳，相对应的输出插孔输出 TTL 高电平（H）；向下扳，相对应的输出插孔则输出 TTL 低电平（L），在数字电路实验中用作数字信号源。

### 8. 单脉冲信号产生器

面板左下方有用于产生不同脉冲信号的两个按钮开关。

1）标有"单脉冲"的按钮按下时，相对应的输出插孔产生一对固定宽度的（正、负）脉冲，按下一次产生一个，即输出插孔"Π"端产生正脉冲，输出插孔"Ц"端产生负脉冲。

2）标有"沿"的按钮按下时，输出插孔"Γ"端产生由低到高的脉冲上升沿（TTL 电平）；松开时则产生脉冲的下降沿（电平由高到低）。另一个输出插孔"Ｌ"端同时产生极性相反的脉冲，也是按下一次产生一个，脉冲宽度对应按下的时间。

### 9. 电平指示

面包板的上方设有 16 个电平指示器。每个发光二极管（LED）对应连接一个信号输入插孔，插孔输入 TTL 高电平则相应的 LED 发光，低电平则不亮。用作显示被测点的逻辑电平。

### 10. 数码管显示器

面板的上方设有 6 个 LED 七段数码管。在数码管的下方标有 DCBA 的输入插孔，输入 8421BCD 码（TTL 电平），即可显示 0 ~ 9 十个数字，注意位权顺序为 DCBA 对应 8421，不要接错。

**注意事项：**数码管的七段 LED 内部串接有 300Ω 的限流电阻，译码驱动输入的电压不应超过 5V，以免因过流而损坏。

### 11. 二阵列 LED 显示器

面板的右上角设有一个 7 行×5 列点阵显示器，可以显示各种字符。列是 LED 的阳极，外加驱动信号的正极，行是 LED 的阴极，外加驱动信号的负极。

**注意事项**：每个引出端都串接了一个 $300\Omega$ 的限流电阻。当 35 个 LED 全亮时，行和列引出端的电流最大，计算公式如下：

每行插孔电流　　　　　　　$I_{ROW} = ( U - U_D )/( 300 + 300/5 )$

每列插孔电流　　　　　　　$I_{COL} = ( U - U_D )/( 300 + 300/7 )$

式中 $I_{ROW}$ 和 $I_{COL}$ 分别代表行、列电流，$U$ 为外加列插孔至行插孔间的驱动电压值，$U_D$ 为 LED 的导通压降，一般约为 1V，300 是每个引出端串接的限流电阻值 $300\Omega$，按 5 列、7 行计算，所用驱动器应能提供 $I_{COL}$ 和 $I_{ROW}$ 的最大值。为防止 LED 过流，$U$ 应限制在 5V 以下。

### 12. 逻辑测试单元

面板的左下角（单脉冲发生器的上方）设有一个逻辑测试插孔，配有 3 个 LED 指示灯，分别指示插孔所连的被测点的电平状态（高电平、高阻态、低电平）。

### 13. 面包板

面板的中间是 4 块相对独立的面包板，如图 1-8 所示。最上边两行，每一行插孔是等电位，下边每列 5 个插孔是等电位，集成电路芯片跨接在面包板中间凹槽两侧。

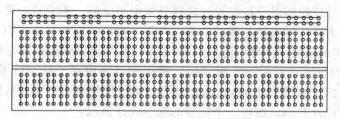

图 1-8　面包板示意图

# 第 2 章

# EDA 软件简介

随着大规模、超大规模集成电路以及计算机技术的发展，电子电路的计算机辅助分析（CAD）与设计技术（EDA）得到了极大的推广与应用。利用计算机辅助分析与设计软件包，一个复杂的电子电路从原理图设计、性能仿真、方案优化到最终版图均可在计算机上完成，既可以充分发挥使用者的创造性，又提高了设计效率、降低了设计成本。另一方面，对初学者而言，利用计算机辅助分析与设计软件分析电子电路，不需要较繁琐的连线和测试工作，可以将更多精力投入到电路原理的学习，有利于更快捷地掌握新知识。为了便于使用者掌握 EDA 工具，本书选取了两种广泛采用的 EDA 分析与设计软件进行介绍。

Multisim 是美国国家仪器有限公司（NI）推出的电路仿真工具，适用于板级的模拟/数字电路板的设计工作。通过 Multisim 和虚拟仪器技术，使用者可以完成从理论到原理图设计与仿真，再到原型设计和测试这样一个完整的综合设计流程。

Quartus Ⅱ 是 Altera 公司的综合性 CPLD/FPGA 开发软件，支持原理图、硬件描述语言（VHDL、VerilogHDL 及 AHDL 等）多种设计输入形式，内嵌的综合器以及仿真器可以完成从设计输入到硬件配置的完整 CPLD/FPGA 设计流程。作为一类大规模、超大规模数字集成电路，CPLD/FPGA 可以满足电子系统小型化、低功耗、高可靠性等要求，并减小开发周期、开发成本，是当今数字系统的发展趋势之一。

## 2.1 电路仿真软件 Multisim

Multisim 的前身是加拿大 IIT 公司推出的 EWB。自 20 世纪 80 年代末、90 年代初问世以来，EWB 以其强大的仿真能力、直观的仿真平台，得到了越来越广泛的应用。2005 年以后，加拿大 IIT 公司并入美国 NI 公司，陆续推出了 Multisim 10、11、12 等不同版本。自此，Multisim 除在仿真界面、元件调用、电路搭建、虚拟仿真、电路分析等方面沿袭了 EWB 的优良特色外，还将 NI 公司最具特色的 LabVIEW 仪表融入其中，可以与 LabVIEW 软件交换数据，接入实际 I/O 设备，克服了原软件不能采集实际数据的缺陷。

Multisim 除了提供较为全面的电路分析功能（如瞬态/稳态分析、灵敏度分析等）外，还增加了故障诊断分析、射频电路分析、HDL（硬件描述语言）仿真能力。利用 Multisim 提供的示波器、万用表、函数发生器、逻辑分析仪等丰富的虚拟测试仪表，使用者可以建立非常直观的虚拟电子工作台，获得与实际操作非常接近的效果。Multisim 的元件库与 PSpice 完全兼容，其创建的电路文件可以直接输出到 Protel、OrCAD 等制版软件，大大提高设计效率。

本节将以 Multisim12 为例，介绍该软件的各种仿真功能和基本操作方法。

## 2.1.1　Multisim 仿真指南

Multisim12 的用户界面如图 2-1 所示，包括菜单栏、工具栏、元件列表、项目栏、电路绘制窗口、状态栏等组成部分，而工具栏又可分为标准工具栏、注释工具栏、元件工具栏、虚拟工具栏、仪表工具栏等。

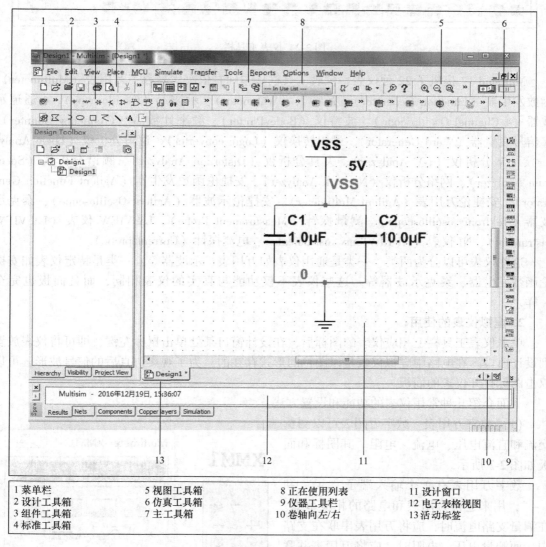

| 1 菜单栏 | 5 视图工具箱 | 8 正在使用列表 | 11 设计窗口 |
| --- | --- | --- | --- |
| 2 设计工具箱 | 6 仿真工具箱 | 9 仪器工具栏 | 12 电子表格视图 |
| 3 组件工具箱 | 7 主工具箱 | 10 卷轴向左/右 | 13 活动标签 |
| 4 标准工具箱 | | | |

图 2-1　Multisim12 用户界面

通过 Multisim12 菜单栏和工具栏提供的各种命令，可实现文件的存取、转换、电路图的编辑、电路的仿真、Internet 资源共享等功能。

### 2.1.1.1　Multisim 中的虚拟仪表

#### 1. 仪表工具栏

使用者可以通过仪表工具栏来调用 Multisim 软件提供的虚拟仪表，这些虚拟仪表的面板、设置和使用方法都非常接近真实的仪表。

仪表工具栏通常位于电路窗口的右边，按住 Alt 键可以将其水平拖到电路窗口中，如图 2-2 所示。

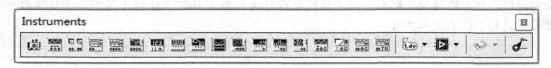

图 2-2　仪表工具栏

Multisim 12 提供了 22 种仪表，仪表工具栏从左到右依次代表数字万用表（Multimeter）、函数发生器（Function Generator）、瓦特表（Wattmeter）、示波器（Oscilloscope）、4 通道示波器（4 Channel Oscilloscope）、波特仪（Bode Plotter）、频率计数器（Frequency Counter）、字信号发生器（Word Generator）、逻辑转换仪（Logic converter）、逻辑分析仪（Logic Analyzer）、I-V 分析仪（I-V Analyzer）、失真分析仪（Distortion Analyzer）、频谱分析仪（Spectrum Analyzer）、网络分析仪（Network Analyzer）、安捷伦函数发生器（Agilent Function Generator）、安捷伦万用表（Agilent Multimeter）、安捷伦示波器（Agilent Oscilloscope）、泰克示波器（Tektronix oscilloscope）、测量探针（Measurement Probe）、LabVIEW 仪表（LabVIEW Instrument）、NI 仪表（NI ELVISmx instruments）、电流探针（Current probe）。

这些仪表可以分为两类，一类是通用仪表如万用表、示波器等，一类是特定仪表如安捷伦函数发生器、泰克示波器等。这些仪表不仅功能与真实的仪表相同，而且面板也完全一样。

**2. 虚拟仪表的使用**

单击仪表工具栏上相应仪表的图标后，在设计窗口某处单击鼠标左键，即可将仪表放置到设计窗口。在电路中虚拟仪表是以图标的形式存在的，为了观察仿真后的信号波形，可以双击图标打开仪表的面板。

下面介绍几种常用仪表的功能和设置方法。

（1）数字万用表　数字万用表可以测量交流和直流电压、电流、电阻。其图标和面板如图 2-3 所示。

数字万用表有 2 个输入端子 " + " 和 " – "，用来连接万用表和电路的相应节点。在测量支路电流时，应将万用表串联在支路中，而测量电压、电阻时，应将万用表并联在电路中。

万用表面板上的控制键 " – "、" ～ "、"A"、"V"、"Ω"、"dB" 分别对应直流档、交流档、支路电流信号、电压信号、电阻和

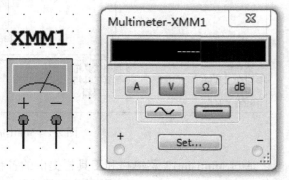

图 2-3　数字万用表的图标和面板

单位为分贝的节点电压比值。使用万用表时，应首先选择直流或交流档，然后再选择相应的物理量。

　　实际的万用表总是有内阻的，为了模拟实际的测量结果，可点击面板上的"Set"按键，在弹出如图2-4所示的设置窗口中，改变万用表的内阻、电压比较时的参考值和显示范围。

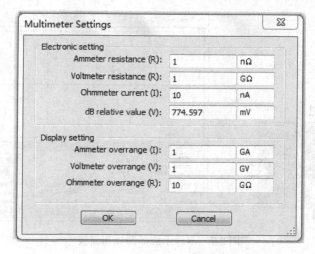

图 2-4　数字万用表设置窗口

　　（2）函数发生器　函数发生器可以产生正弦波、三角波和方波三种信号波形，信号的幅值范围为 $1V \sim 999kV$，频率范围为 $1Hz \sim 999MHz$，方波和三角波的占空比范围为 $1\% \sim 99\%$。函数发生器的图标和面板如图2-5所示。

　　函数发生器有三个输出端子，"+"、"–"端子输出的信号极性相反，而"Common"为接地端，应连接到电路中的零电位参考点上。

　　单击面板上的波形按键，即可选择不同的输出波形。在信号选项栏里，可以直

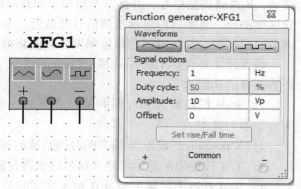

图 2-5　函数发生器图标和面板

接设置信号的频率（Frequency）、占空比（Duty cycle，仅三角波和方波有效）、幅值（Amplitude）、信号中的直流分量（Offset）、上升/下降时间（Set Rise/Fall Time）（仅方波有效）。

　　（3）瓦特表　瓦特表用来测量电路的有功功率和功率因数，其图标和面板如图2-6所示。

　　瓦特表有四个输入端子，左侧两个为电压输入端，右侧两个为电流输入端。瓦特表使用时不需进行设置，只要将它的电压输入端并联在电路中，电流输入端串联在电路中，即可在上面的条形框内显示测量的功率，下面的条形框显示功率因数。

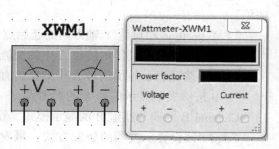

图 2-6　瓦特表图标和面板

（4）双踪示波器  双踪示波器可以显示两路信号的波形，并可通过游标读取波形的幅值、频率和周期信息，其图标和面板如图 2-7 所示。

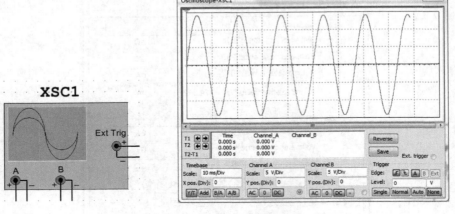

图 2-7  双踪示波器图标和面板

双踪示波器有三个输入端子，即通道"A"、通道"B"和触发端"Ext Trig"，分别连接 A、B 两路被测信号、外部触发信号。双踪示波器的面板分为显示窗口、参数显示区和设置区 3 部分。显示区内显示被测信号的波形；参数显示区显示游标测量的数据；通过设置区调节时间基准、扫描时间和幅值刻度，以便获得理想的显示波形。

设置区主要包括 Timebase 区、Channel A 区、Channel B 区、Trigger 区 4 部分。Timebase 区各部分的功能为：

1）Scale 栏设置 X 轴（时间轴）方向的一个大刻度格所代表的时间，其设置值应考虑实际波形的频率。

2）X position 栏设置 X 轴方向时间基准的起始点。

3）Y/T 按键表示显示的输入信号的波形是随时间变化的。

4）B/A 按键表示显示信号 B 和 A 之间的关系，此时 X 轴为 A 通道的输入信号，Y 轴为 B 通道的输入信号。

5）A/B 按键与"B/A"作用相反。

6）ADD 按键表示显示的波形是通道 A 和通道 B 的叠加。

Channel A 区各部分功能为：

1）Scale 栏设置 Y 轴方向的一个大刻度格所代表的电压，其设置值应考虑实际波形的幅值。

2）Y position 栏设置 Y 轴方向的起始点。

3）AC 按键表示只显示信号 A 中的交流分量。

4）DC 按键表示显示信号 A 中的交、直流分量。

5）0 按键表示显示信号 A 的参考点。

Channel B 区调节通道 B 的显示模式，设置方法与 Channel A 区相同。

Trigger 区设置示波器的触发方式，触发信号可以是外部的输入信号，也可以是通道 A 或 B 信号，其各部分功能为：

1）Edge 按键选择信号的上升或下降沿作为触发信号。

2）Level 栏输入触发电平的值。

3）Single 按键选择单次触发方式，即输入信号大于触发电平后触发一次扫描过程。

4）Normal 按键选择正常触发方式，即只要输入信号大于触发电平就触发扫描过程。

5）Auto 按键选择自动触发方式，适合于输入信号变化较缓慢或要求只要有输入信号就尽可能显示信号波形的情况。

6）None 按键不对触发方式进行设置。

显示窗口中显示信号波形时，窗口上方会出现两个游标，并对应两条刻度线。当用鼠标拖动游标移动时，在参数显示区内即可读出两条刻度线之间的时间差、被测信号在游标处的幅值及差值，因此可以利用示波器测量信号的频率、相位差和幅值。

（5）字信号发生器　字信号发生器可同时产生最多 32 位的逻辑信号，可以作为测试数字电路的激励源，其图标和面板如图 2-8 所示。

字信号发生器共有 34 个连接端子，其中左、右两侧各 16 个信号输出端子，底部的输出端子"R"是信号准备好标志，输入端子"T"是外部触发信号。

字信号发生器的面板分为设置区、字信号缓冲区 2 个部分。设置区各部分功能为：

1）Display 栏设置字信号的显示方式，包括十六进制（Hex）、十进制（Dec）、二进制（Binary）或 ASCII 码（ASCII）。

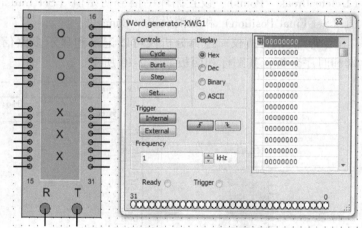

图 2-8　字信号发生器图标和面板

2）Trigger 栏选择触发方式，包括内触发（Internal）或外触发（External）。若选择内触发方式，则字信号的输出由 Control 区设置的输出方式决定；若选择外触发方式，则只有在外部触发信号输入时才输出字信号。两种方式均可以设置为上升沿或下降沿触发。

3）Frequency 栏设置字信号的输出频率。

4）Control 栏设置字信号的输出方式。循环方式（Cycle）时，字信号在设置好的初值和终值之间循环输出；脉冲方式（Brust）时，字信号从设置好的初值开始，逐条输出到终值停止；步进方式（Step）时，单击鼠标一次，输出一条字信号。

单击字信号发生器面板的"Set"键，弹出如图 2-9 所示的设置框，可以设置字信号的显示格式、长度等。其中 Pre-set

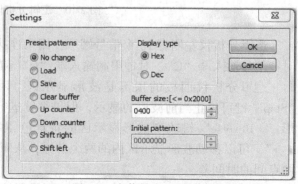

图 2-9　字信号发生器设置框

patterns 区定义字信号的内容，各项的具体含义为：

1）No change 项表示不改变字信号缓冲区的内容。

2）Load 项表示调用以前设置的字信号变化规律。

3）Save 项表示保存当前的字信号变化规律。

4）Clear buffer 项表示清除当前的字信号缓冲区的内容。

5）Up counter 项表示字信号缓冲区内容在初值基础上逐个递增。

6）Down counter 项表示字信号缓冲区内容在初值基础上逐个递减。

7）Shift right 项表示字信号缓冲区内容在初值基础上逐个右移。

8）Shift left 项表示字信号缓冲区内容在初值基础上逐个左移。

当选择字信号的变化规律为后 4 种时，还需要设置字信号的初值（Initial Patterm）。

字信号发生器还具有一定的调试功能。在字信号缓冲区的左侧栏上单击鼠标左键，根据弹出的菜单可设置输出字信号的起点（Set Cursor）、断点（Set Break – Point）、取消断点（Delete Break – Point）、设置循环字信号初始值（Set Initial Position）、设置循环字信号终止值（Set Final Position）和取消设置（Cancel）。

（6）逻辑分析仪　逻辑分析仪可以记录和显示多路信号，常用于大规律数字电路的逻辑和时序分析，其图标和面板如图 2-10 所示。

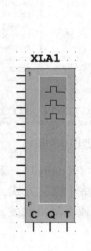
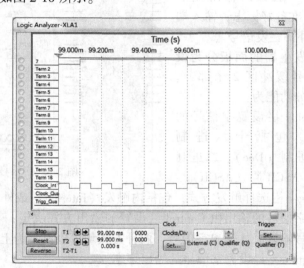

图 2-10　逻辑分析仪图标和面板

逻辑分析仪左侧有 16 个信号端子，用来连接输入信号。底部有三个端子，分别为外部时钟信号输入端 "C"、时钟限制输入端 "Q" 和触发控制输入端 "T"。

逻辑分析仪面板的顶部是波形显示区，用来显示信号波形。单击底部设置区左侧 "Stop" 键可停止当前波形的显示，但仍继续运行仿真程序；"Reset" 键清除当前的显示波形；"Reverse" 键改变波形显示区的背景色。单击 "T1" 和 "T2" 右侧的箭头 "←" 或 "→"，可以移动波形显示区内的两个游标，从而显示 T1、T2 所在位置的时刻，进而计算出两点间的时间差。

在时钟控制区 Clock 内，Clock/Div 栏设置波形显示区内每个水平刻度内的时钟脉冲数。

点击"Set"键弹出如图 2-11 所示的时钟设置对话框。在此对话框内 External 项表示时钟由外部输入端 C 输入，Internal 项表示选用内部时钟信号，Clock rate 项设置时钟信号的频率，Pre-trigger samples 项设置前沿触发的采样数，Post-trigger samples 项设置后沿触发的采样数，Threshold volt. 项设置采样时的门限电压。

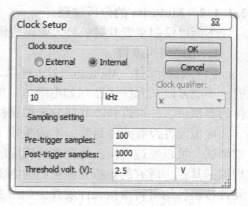

图 2-11　时钟设置对话框

触发控制区 Trigger 用来设置触发脉冲，单击"Set"键弹出如图 2-12 所示的触发方式设置对话框。在此对话框内 Positive 项表示上升沿触发，Negative 项表示下降沿触发，Both 项表示上升沿和下降沿均触发。Trigger Qualifier 设置触发限制字为 0、1 或 x，当外部触发控制输入 T 和限制字一致时，才触发分析仪。Trigger Patterns 设置 A、B、C　3 个触发样本，通过 Trigger combinations 下拉菜单可以选择样本组合，当触发信号与触发样本符合时，触发逻辑分析仪。

（7）测量探头　利用测量探头可以测量电路节点电压、支路电流和信号频率等信息。与万用表、示波器等相比，测量探头使用更方便、快捷。

将测量探头放置到电路中，其图标如图 2-13a 所示，双击图标弹出设置对话框，如图 2-13b 所示。通过设置对话框，可以改变探头的背景色、字体、显示变量等。

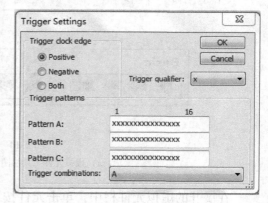

图 2-12　触发方式设置对话框

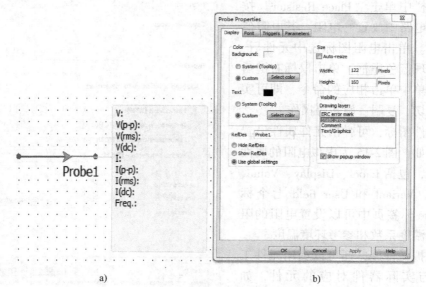

a)　　　　　　　　b)

图 2-13　测量探头及其设置对话框

#### 2.1.1.2 Multisim 的分析过程

下面以绘制单管共射极放大电路为例，介绍 Multisim 12.0 的使用方法。

**1. 电路图的编辑**

（1）选择元件 Multisim 12.0 提供了两类电路元件模型，一类是与实际元器件相对应的，不能修改其元件属性（如电阻值、电容值等）；一类是虚拟元件，其参数一般为该类元件的典型值，并可以修改其部分元件属性。

虚拟元件没有元件封装，不能生成 PCB 制版文件，主要用于电路的基本功能仿真、前期调试，可以通过虚拟工具栏选择相应的元件。在 Multisim12.0 的工具栏中，蓝色图标即为虚拟工具栏，所有的虚拟元件被归为电源、信号源等 10 组，单击下拉菜单或直接点击对应元件按钮，均可将虚拟元件展开，如图 2-14 所示。

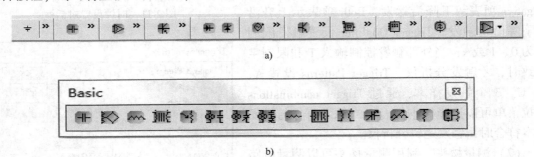

a)

b)

图 2-14　虚拟元件工具栏

a）虚拟元件工具栏图标　b）展开的基本虚拟元件栏

在展开的虚拟元件栏中，单击元件按钮，在设计窗口中再次单击鼠标左键，即可将元件放置到窗口中。例如，在 Basic Components 栏中单击"Place Resistor"按钮，就可在电路中放置一电阻，其电阻值默认为 1kΩ。单击电阻图标选中元件后，电阻周围出现蓝色虚框，单击鼠标右键后在弹出的菜单中单击相应的命令，即可实现元件的剪切、复制、旋转等操作。

双击元件图标，可弹出元件属性设置对话框。例如，图 2-15 为虚拟电阻的属性设置对话框，包括 Label、Display、Value、Fault、Pins、Variant 和 User field 七个标签，在 Value 标签页中可以设置电阻的阻值、容差、温度系数和参考环境温度。

除了虚拟元件外，还可以利用元件工具栏选择与实际器件对应的元件，如图 2-16 所示。Multisim12.0 提供了大量准

图 2-15　虚拟电阻属性设置对话框

确的元器件模型，而且还可以从公司网站上更新元件库，这些元件的属性一般不能修改。

图 2-16  元件工具栏

Multisim12.0 将元件按功能划分为 20 组，放置在不同的元件库中。元件工具栏从左到右依次是电源库（Source）、基本元件库（Basic）、二极管库（Diode）、晶体管（Transistor）、模拟元件库（Analog）、TTL 库（TTL）、CMOS 库（CMOS）、混合数字电路库（Misc Digital）、混合电路库（Mixed）、指示元件库（Indicator）、功率器件（Power Component）、其他元件库（Miscellaneous）、先进外设（Advanced Peripherals）、射频元件库（RF）、机电元件库（Electromechanical）、NI 组件（NI Component）、连接器（Connector）、微程序控制器（MCU）、文件层次块（Hierarchical block from file）和总线（Bus）。单击工具栏上相应的元件，可弹出元件选择框，如图 2-17 所示。

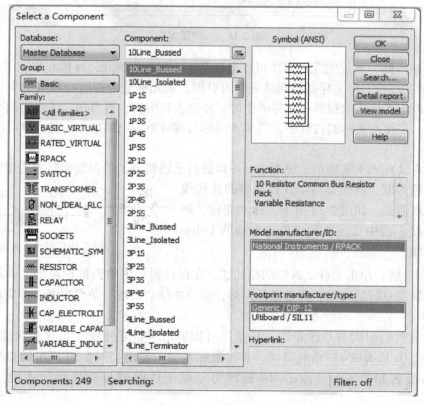

图 2-17  元件选择框

在元件选择框中，Database 栏内列出所包含的元件库，一般选择默认的 Multisim Master 库即可，Group 栏列出不同的元件组，Family 栏又将同一组内的元件按功能进行了细分，进一步缩小选择范围，Component 栏内列出所有满足条件的元件（对于不同的组，Filter 栏又增加了一些限定条件），Symbol 框显示所选元件的符号，Model manufacturer/ID 框显示该元件的生产厂家，Footprint 框内显示元件的封装类型。

选择元件后，单击元件选择框右侧的 OK 键，在 Multisim12.0 的设计窗口中单击鼠标左键，即可在窗口中放置所选元件。元件放置后，仍然返回此选择框，继续下一次选择，直到单击 Close 键。

单击元件选择框右侧的 Search 键，弹出如图 2-18 所示的元件搜索框。可以根据元件的类型、组、功能、生产厂家和封装等参数，搜索所需要的元件。在输入参数时，可以利用通配符"＊"、"？"进行模糊搜索。

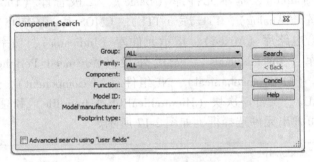

图 2-18　元件搜索框

（2）连接电路　放置完元件后，可以通过互连线和总线将元件连接起来。

1）绘制互连线。将光标移动到某元件的引脚，则光标变为带实心黑点的十字，单击此元件引脚，再将光标拖动到另一元件的引脚，并单击该引脚，即可用互连线将两个元件的引脚连接起来。在拖动光标的过程中，若单击鼠标右键或单击电脑的 Esc 键，都可结束互连线的绘制。

若上述自动方式不能满足走线要求，可以进行手动调节。单击要调整的连接线，此连接线上出现蓝色方框，将光标移动到要调整的连接线上，光标变成箭头，如图 2-19 所示。拖动光标，即可调整连接线。选中互连线后，单击电脑的 Delete 键可删除连线。

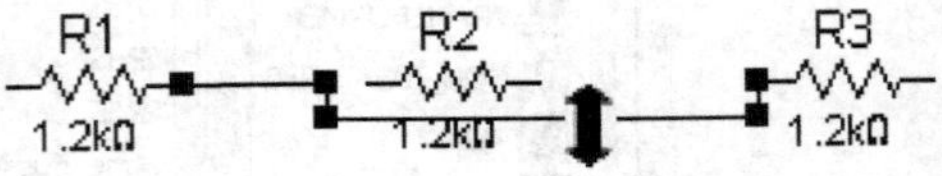

图 2-19　调整互连线

2）绘制总线。单击元件工具栏的按钮，在设计窗口中单击鼠标左键，确定总线的起点，拖动光标到总线的终点，双击鼠标左键，窗口中便会出现一条黑实线，即完成了总线的绘制。

为了将元件的引脚与总线相连，从元件引脚引出一条互连线，当互连线接近总线时，自动出现一条与总线成45°角的短线，单击鼠标左键，弹出如图 2-20 所示的总线入口对话框。输入总线名和节点号，点击 OK 键即可完成元件引脚与总线间的连接，如图 2-21 所示。

3）绘制节点。若要在连接线上引出另外一条连接线，需要在连接线上放置一个节点。单击主菜单 Place/Junction 命令，或在设计窗口的空白处单击鼠标右键，在弹出的菜单中选择 Place Schematic/Junction 命令，在连接线上单击鼠标左键，连接线上便出现所需节点。将光标拖动到节点处，光标变成带黑色实心球的十字，即可绘制新的连接线。

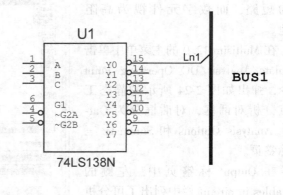

图 2-20　总线入口对话框　　　　　　　　图 2-21　元件引脚和总线的连接

### 2. 分析方式设置

电路图绘制完成并保存后，便可以进行仿真研究了。Multisim 12.0 以 Spice 为模拟软件核心，并增强了其在数字电路和数/模混合电路方面的仿真能力，可以完成共计 17 种分析。下面以共射极放大电路为例，介绍 Multisim12.0 基本的分析功能。

为了区分电路中不同的节点电压和支路电流，每个节点都有一个序号。单击菜单命令 Option/Sheet properties 弹出页面属性窗口，如图 2-22 所示。在 Sheet visbility 标签页中，选中 Net Names 框中的 Show All 项，单击 OK 键返回，则电路中全部节点序号均显示出来，如图 2-23 所示。

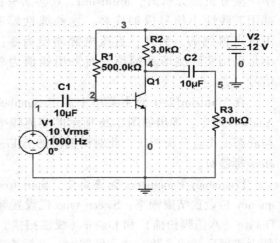

图 2-22　页面属性窗口　　　　　　　　　　图 2-23　共射极放大电路

（1）静态工作点分析　静态工作点分析是求解电路中只有直流电源作用时，各个节点的电压和流过各支路的电流。由于节点电压和支路电流均为直流量，此时电路中的电容视为开路，电感视为短路，而数字元件视为高阻接地。

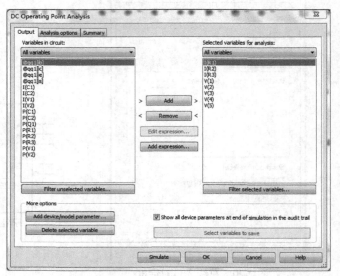

在 Multisim 12.0 的主菜单中单击 Simulate/Analysis/DC Operating Point 命令，弹出如图 2-24 所示的静态工作点分析对话框，对话框分为 Output、Analysis Options 和 Summary 三个标签页。

在 Output 标签页中，左侧的 Variables in circuit 栏中列出了可分析的节点电压、流过电压源/电感的支路电流等变量，通过下拉菜单可以

图 2-24　静态工作点分析对话框

选择变量的类型。右侧的 Selected variables for analysis 栏列出的是准备输出的变量，默认为空。当在左侧的变量列表中选择要输出的变量后，中间的 Add 按键被激活，单击 Add 键，即可将此变量添加到右侧的列表中。若选中右侧列表中的变量，单击 Remove 键，即可将此变量移回左侧列表。

在 Analysis Options 标签页中，可以设置此次分析的标题，其他选项与仿真算法相关，一般均设为默认值。

Summary 标签页对仿真设置进行汇总。设置完成后，单击 Simulate 键进行仿真计算，仿真结果，如图 2-25 所示。

（2）交流频率分析　交流频率分析是对电路进行频率响应分析。分析时，Multisim12.0 将所有的非线性元件都用其线性小信号模型代替，这些线性模型是根据静态工作点得到的。另外，直流电源均设为零，而输入信号不是采用实际波形和幅值，而采用幅值为单位 1 的正弦信号。

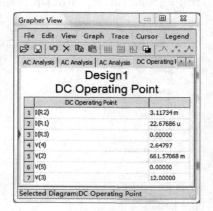

在 Multisim12.0 的主菜单中点击 Simulate/Analysis/AC Analysis 命令，弹出如图 2-26 所示的交流频率分析对话框，与静态工作点分析相比，此对话框增加了 Frequency Parameters 标签页。

图 2-25　静态工作点分析结果

Frequency Parameters 标签页中，Start frequency 栏设置交流分析的起始频率；Stop frequency 栏设置结束频率；Sweep type 栏设置频率的扫描方式，包括 Decade（十倍频扫描）、Octave（八倍频扫描）和 Linear（线性扫描）3 种方式；Number of points per decade 栏设置每十倍频采样的点数，这个值越大，分析的精度越高，需用的时间越长；Vertical scale 栏设置纵坐标的显示刻度，包括 Decibel（分贝）、Octave（八倍）、Linear（线性）、Logarithmic

（对数）4 种方式，一般选择对数或线性方式。

　　Output 标签页设置输出变量。Analysis Options 设置仿真选项的方法，参照静态工作点分析设置。

　　设置完成后，单击 Simulate 键运行仿真程序，显示仿真结果。图 2-27 是图 2-23 单管放大器节点 4 的分析结果，上图为幅频响应曲线，纵坐标为分贝，下图为相频响应曲线，纵坐标为角度。图 a 是晶体管为虚拟元件的仿真结果，图 b 的晶体管型号为 2N2222A，可以看出二者的频率特性是有区别的，主要是因为虚拟晶体管的极间电容默认值均为零，因此在高频区输出没有变化。

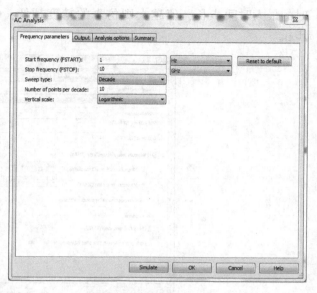

图 2-26　交流频率分析对话框

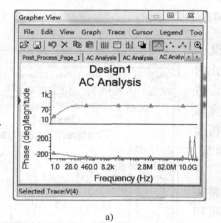

a)

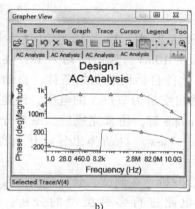

b)

图 2-27　交流频率分析结果

a）虚拟元件分析结果　b）实际元件分析结果

　　（3）瞬态分析　瞬态分析是分析在特定激励信号作用时电路的时域响应，通过瞬态分析可以观察节点电压、支路电流等与时间的关系曲线。

　　在 Multisim 12.0 的主菜单中点击 Simulate/Analysis/AC Operating Point 命令，弹出如图 2-28 所示的瞬态分析对话框。瞬态分析时，需在 Analysis Parameter 标签页内设置分析的时间参数，其他标签页与静态分析设置方法相同。

　　在 Analysis Parameter 标签页中，首先需要设置电路的初始条件，可以选择 Automatically（自动设置）、Set to zero（初值为 0）、User Defined（用户定义）和 Calculate DC（由直流工作点分析确定）；在 Start time 栏内设置分析的起始时刻；在 End time 栏内设置分析的终止时刻；Maximum time step setting 区设置仿真时的步长，对应三个单选项：Minimum number of time point 设置仿真时的时间点数，值越大则仿真的精度越高；Maximum time step 设置仿真时的最大时间步长，值越大则仿真的精度越低；Generate time steps automat 自动设置仿真步长。

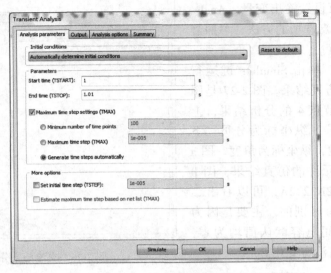

图 2-28　瞬态分析对话框

　　在单管放大器中，输入信号的频率设为 1kHz，幅值设为 10mV，起始时刻为 1s，终止时刻为 1.01s，软件自动设置初始条件，自动设置仿真步长，输出变量为节点 5 的电压，设置完成后，单击 Simulate 键，仿真完成后，图形分析编辑器（Grapher View）自动弹出显示仿真结果，如图 2-29 所示。

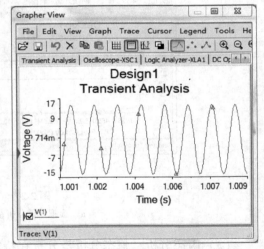

图 2-29　瞬态分析结果

　　（4）组合分析　在调试、分析电路时常常需要对同一个电路进行多种类型的分析，利用 Multsim12.0 提供的组合分析功能，可以加快仿真过程。

　　在 Multisim 12.0 的主菜单中点击 Simulate/Analysis/Batched Analysis 命令，弹出如图 2-30 所示的组合分析对话框。在对话框的左侧列出了所有可以选择的分析类型，选中某一分析类型（例如，静态工作点分析），单击 Add to list 键，对话框的右侧 Analysis To perform 栏便列出 DC operating point 项。按照同样的方法，依次将需要的各个分析类型添加到 Analysis To perform 栏中。

　　当分析类型添加到列表后，对话框下方的按键全部被激活，其功能为：

1）Edit Analysis 按键设置 Analysis to perform 栏中选中的分析类型。

2）Run Selected Analysis 按键仿真 Analysis to perform 栏中选中的分析类型。

3）Run all Analysis 按键依次仿真 Analysis to perform 栏中所有的分析类型。

4）Delete Analysis 按键删除 Analysis to perform 栏中选中的分析类型。

5）Remove all Analysis 按键删除 Analysis to perform 栏中所有的分析类型。

当所有需要的分析类型均添加到 Analysis to perform 栏后，单击 Run all Analysis 键，仿真结果如图 2-31 所示。工具栏的底部列出仿真类型的标题，单击相应的标题可切换显示仿真结果。

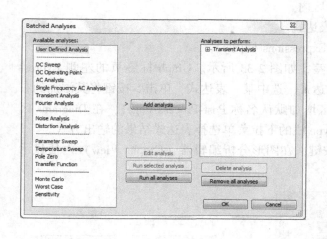

图 2-30　组合分析对话框

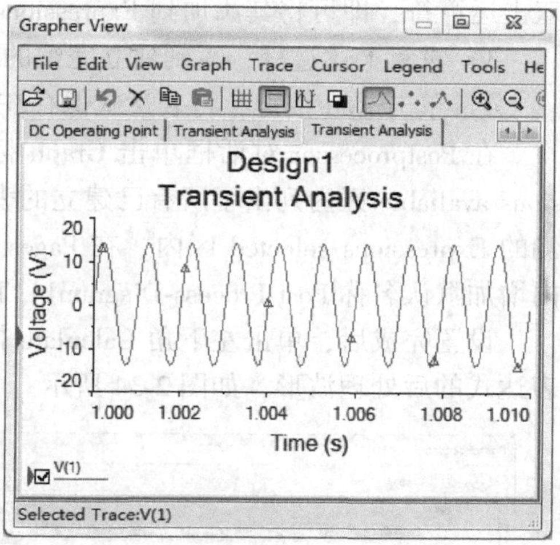

图 2-31　组合分析仿真结果

### 3. 后处理

（1）显示仿真结果　在 Multisim12.0 中有两个途径显示仿真结果：

1）如上述分析方式设置中所介绍的，设置完成后单击对话框中的 Simulate 按键，将自动弹出结果显示窗口。

2）利用虚拟仪器，如示波器、波特仪、逻辑分析仪、电压表等显示仿真结果。在电路绘制过程中，将仪器连接到电路中的观测点上，设置仿真类型后，单击工具栏的仿真开关  执行仿真程序，在虚拟仪器的面板上便可以观测仿真结果。

（2）后处理程序　Multisim 12.0 的后处理程序可以对电路的仿真结果进行各种代数、逻辑运算，运算结果以图形表示出来。单击菜单命令 Simulate/Post-processor 弹出 Postprocessor 对话框，如图 2-32 所示。

对话框分 Expression 和 Graph 两个标签页。Expression 标签页主要用来建立分析变量的运算表达式，Select Simulation Results 区列出完成分析的记录（图中包括一次暂态分析和静态分析），Variables 区列出仿真分析时设置的输出变量，Functions 区列出建立运算表达式所需的运算符和函数，Expressions 区列出已建

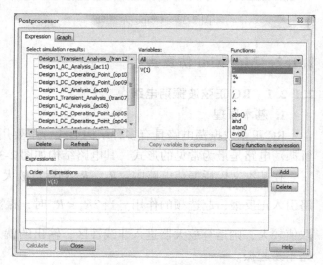

图 2-32　Postprocessor 对话框

立的运算表达式。运算表达式的建立步骤如下：

1）在 Variables 区选中某一变量，单击 Copy Variable to Equation 按键，或直接双击变量，将其添加到 Expressions 区内。

2）在 Functions 区内选中某一运算符，单击 Copy Functions to Expressions 按键，或直接双击运算符，即可将其添加到 Expressions 区内。

3）重复上述过程，直到建立完整的表达式。

4）单击 Add 按键，将表达式保存在 Expressions 栏内。

在 Postprocessor 对话框单击 Graph 标签，如图 2-33 所示。Graph 标签页的左侧 Expressions avaliable 区内列出了所有已建立的表达式，选中某一表达式，单击 > 按键将其添加到右侧的 Expressions selected 区内，在 Pages 区增加默认名称 Post-Process-Page1，在 Diagrams 区内增加默认名称 Post-Process-Diagram1，Type 栏的下拉菜单选择表达式结果的输出方式。

设置完成后，单击左下角 Calculate 按键，在图形分析编辑器（Graphs View）内便显示表达式的后处理波形，如图 2-34 所示。

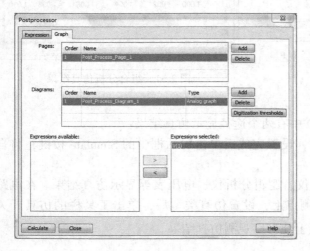

图 2-33　Graph 标签页

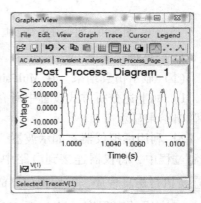

图 2-34　后处理波形

## 2.1.2　Multisim 仿真实验

### 2.1.2.1　RC 正弦波振荡电路

#### 1. 基本原理

RC 正弦波振荡电路具有多种结构形式，主要用于产生频率较低的交流信号，其中文氏桥振荡电路是最为常见的形式，其电路结构如图 2-35 所示。

在基本文氏桥振荡电路中，$R_1$、$R_4$ 和运算放大器构成负反馈放大电路，$RC$ 串、并联网络引入正反馈，起选频的作用。当 $2R_4 < R_1$ 时，振荡器输出 $\omega = \dfrac{1}{RC}$ 的正弦信号，但若 $R_1$ 的取值较大，则运算放大器进入非线性区，输出的就是方波信号，但若 $R_1$ 的取值较小，则电路不易起振。

在改进的振荡电路中增加了场效应管稳幅电路，当输出电压较高时，则经过二极管整流、$R_7$、$C_3$ 滤波后，由 $R_6$、$R_5$ 加在场效应管栅极上的电压也较高，则场效应管等效电阻增大，负反馈增强，达到自动稳幅的目的。

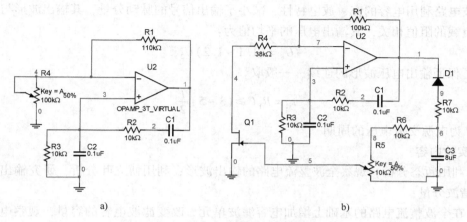

a)　　　　　　　　　　　　　b)

图 2-35　RC 正弦波振荡电路

a）基本电路　b）改进电路

### 2. 实验内容

1）调整 $R_1$ 的值，利用虚拟示波器观察基本文氏桥振荡电路的输出波形，分析负反馈深度对波形的影响；

2）调整电路参数，观察改进的振荡电路的输出波形，分析负反馈深度和稳幅电路对波形的影响。

### 2.1.2.2　直流稳压电源

#### 1. 基本原理

直流稳压电源将电网上的交流电压转换成直流电压，是一类重要的电子装置。图 2-36 是一个线性稳压电源的原理图，包括变压器降压、全波桥式整流、电容滤波、稳压等环节，为了全面了解电路的工作原理，可以逐级分析各个环节的工作情况。

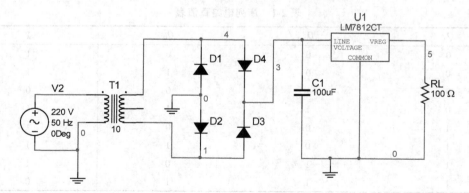

图 2-36　线性稳压电源

桥式全波整流电路利用二极管的单向导电性，将交流信号转换成脉动的直流信号，其输出电压的平均值为：

$$U_o = 0.9U_2$$

式中 $U_2$ 为输入交流信号的有效值。

滤波电路利用电容的充、放电特性，减小了输出信号的脉动分量，其输出波形与电容的容量、负载的阻值相关，其输出电压的平均值为：

$$U_o = (1.1 \sim 1.2)U_2$$

为了保证输出电压波形的连续，一般取

$$\tau_d = R_L C \geqslant (3 \sim 5)\frac{T}{2}$$

式中 $T$ 为电源交流电压的周期。

**2. 实验内容**

1）利用暂态分析，观察全波整流电路的输出波形；利用傅立叶分析，研究输出波形中的各次谐波分量；

2）在全波整流电路的基础上增加电容滤波单元，改变滤波电容的容量，观察电路输出波形的变化情况；利用傅立叶分析，获得输出电压的平均值；

3）建立完整的线性稳压电路，观察输出电压波形，并与整流、滤波电路的输出进行对比。

**2.1.2.3 序列信号产生电路**

**1. 基本原理**

序列信号产生电路能够循环输出一些串行信号，这些信号可以用来作为数字系统的同步信号，也可以作为地址码等。根据工作原理的不同，序列信号产生电路可分为移存型和计数型，计数型电路由计数器和组合逻辑电路构成，相比移存型，其设计原理更加简单。

在设计计数型序列产生电路时，首先根据序列信号的位数 M，设计模为 M 的计数器，再根据状态转移过程中输出的序列信号，设计相应的组合逻辑电路。例如，设计序列信号为 11011110 的电路，由于电路的位数为 8，所以需要设计模为 8 的计数器，其组合逻辑电路的真值表如表 2-1 所示。

表 2-1 序列电路真值表

| $Q_2$ | $Q_1$ | $Q_0$ | $Y$ |
|---|---|---|---|
| 0 | 0 | 0 | 1 |
| 0 | 0 | 1 | 1 |
| 0 | 1 | 0 | 0 |
| 0 | 1 | 1 | 1 |
| 1 | 0 | 0 | 1 |
| 1 | 0 | 1 | 1 |
| 1 | 1 | 0 | 1 |
| 1 | 1 | 1 | 0 |

根据电路的设计要求，选用十进制集成计数器 74LS160，利用反馈清零法构成 8 进制计数器，再利用 8 选 1 数据选择器构成组合逻辑电路，则 110011110 序列产生电路如图 2-37 所示。

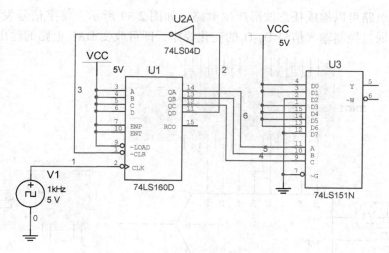

图 2-37　序列产生电路

**2. 实验内容**

1）构建如图 2-37 所示的序列信号产生电路，利用逻辑分析仪观察输出信号波形；

2）采用基本的与、或门或数据选择器设计组合逻辑电路，设计 11011110 序列产生电路。

### 2.1.2.4　D/A 转换电路及其应用

**1. 基本原理**

数/模转换电路（DAC）用于将数字信号转换成模拟信号，是一种非常重要的接口电路，通常由数字寄存器、模拟开关、解码网络、参考电压和输出运放组成。数字寄存器存储的数码控制对应的模拟开关，在解码网络上产生与其权值成比例的电流，再由运放将电流转换成电压输出。

根据解码网络的不同，DAC 电路可分为权电阻网络 DAC、R-2R 倒 T 形网络 DAC 和单值电流型 DAC 等，图 2-38 是 R – 2R 倒 T 形网络 DAC 的结构图，其中 $R_1 = R_2 = R_4 = R_6 = R_8 = 2R$，$R_3 = R_5 = R_7 = R$。

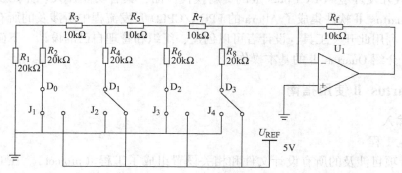

图 2-38　倒 T 形网络 DAC 结构图

R-2R 倒 T 形网络 DAC 电路的输出电压 $V_o$ 与输入数字量 D 的关系为：

$$V_o = - \frac{V_{\text{REF}} R_{\text{f}}}{2^n R} \sum_{i=0}^{3} D_i 2^i$$

利用 DAC 电路可以构成任意波形产生电路，如图 2-39 所示。将字信号发生器连接到 8 位 DAC 电路，通过控制输入信号 $D_0$-$D_7$ 的变化规律，即可改变 DAC 电路的输出波形。

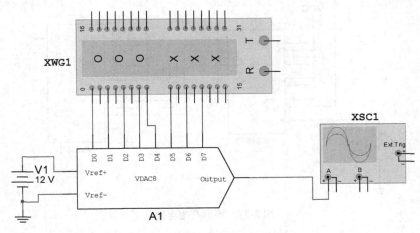

图 2-39　任意波形产生电路

**2. 实验内容**

1）改变 DAC 电路中模拟开关的状态，利用虚拟万用表测量输出电压的值，并与理论值进行比较；

2）改变字信号产生电路的输出信号序列，使 DAC 电路输出波形为锯齿波和正弦波；

3）采用不同位数的 DAC 电路设计正弦波发生器，利用失真分析仪测量信号的谐波失真情况。

## 2. 2　可编程逻辑器件开发软件 Quartus Ⅱ

Quartus Ⅱ 是 Altera 公司在 21 世纪初推出的 FPGA/CPLD 开发环境，是 Altera 前一代 FP-GA/CPLD 集成开发环境 MAX + plus Ⅱ 的更新换代产品，具有功能强大、界面友好、使用便捷等优点。Quartus Ⅱ 软件集成了 Altera 的 FPGA/CPLD 开发流程中所涉及的所有工具和第三方软件接口。利用此开发工具，设计者可以创建、组织和管理自己的设计。下面以一个 4 位计数器为例，介绍 Quartus Ⅱ 的基本操作。

### 2. 2. 1　Quartus Ⅱ 使用指南

**1. 设计输入**

（1）建立工程

一个设计项目涉及的所有设计文件和相关设置组成了工程（project）。在 Quartus Ⅱ 的工程向导（New Project Wizard）引导下，使用者可以创建一个新的工程。单击主菜单命令 File/ New Project Wizard，弹出的工程向导对话框如图 2-40 所示。

单击对话框中 Next 按键，在向导的引导下，可以创建工程的工作目录、名称、顶层文件名，可以加入工程所需的设计文件、第三方 EDA 工具、指定目标器件。建立一个 4 位计数器的工程，命名为 cnt4. qdf，顶层文件命名为 cnt4。顶层文件是工程中所有模块的最上层，实现与外部设计的接口。

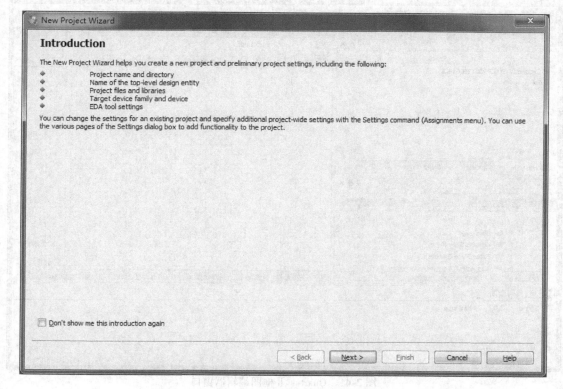

图 2-40　工程向导对话框

创建完工程文件后，需要输入相应的设计文件，可以利用框图编辑器（Block Editor）建立原理图或结构图等图形设计文件，也可以利用文本编辑器（Text Editor）建立 HDL 语言文件（如 VHDL、VerilogHDL、AHDL 等）。同时，还可以混合使用以上多种设计输入方法进行设计。

（2）图形设计文件

单击主菜单"File/New"命令，在弹出的新建文件选择窗口中选择"Block Diagram/Schematic File"项，则进入 Quartus Ⅱ框图编辑器窗口如图 2-41 所示，文件后缀为 bdf。通过选择主菜单 View 的不同命令选项，可以显示或隐藏各个窗口、栅格线和窗口边框等。

1）原理图设计文件。原理图输入方式是 FPGA/CPLD 设计的基本方法之一，几乎所有的设计环境都集成原理图输入法。这种设计方法直观、易用，但其需要一个功能强大、种类齐全的器件库。然而由于器件库通用性差，导致其移植性较差，如更换设计实现的芯片型号或厂商时，整个原理图需要做很大的修改，甚至是全部重新设计。所以，原理图设计方式主要是一种辅助设计方式，多用于混合设计中的个别模块设计。

在绘图区中双击鼠标，或选择绘图工具栏中的符号工具（Symbol Tool）⎓，进入元件选择窗口，进而完成元件的选取、搜索、连线、编辑等过程。

2）结构图设计文件。利用结构图构建设计文件，是一种自上向下的设计方法。在顶层文件中，利用可设置端口和参数信息的图形块表示某种逻辑、时序模块。图形块之间采用信号线、总线（Bus）和管道（Conduit）相连，再为图形块建立 HDL 语言或图形设计文件。

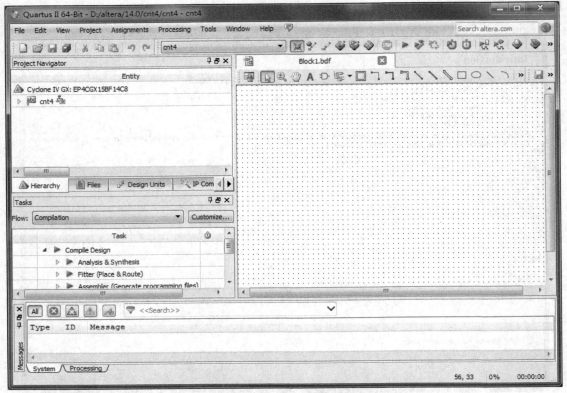

图 2-41　Quartus Ⅱ框图编辑器窗口

　　选择绘图工具栏中的块工具 □，在图形编辑窗口中单击鼠标左键放置图形块。在图形块上单击鼠标右键，从弹出的菜单中选择 "Properites" 命令，则弹出块属性对话框，其中General 标签页设置块的名称，I/O 标签页设置端口的名称、类型。本例中文件名称为 cnt4，模块名称为 inst，三个输入连线 clk、en、rst 和一个输出总线 q [3..0]，如图 2-42 所示。

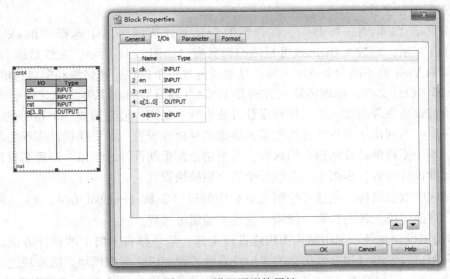

图 2-42　设置图形块属性

　　下面设置连线属性。选择绘图工具栏中的连续工具 ＼，从图形块中引出信号连线。双击信号连线端部图标 ，弹出 "Mapper Properties" 对话框，在 "General" 页面的 "Type" 栏中设置属性，如 "clk" 引线设置为 "INPUT"；在 "Mappings" 页面 "I/O on block" 栏里选择连线节点名称，如引脚 "clk" 的信号节点命名为 "clk"，同理完成其他引线的设置，如图 2-43 所示。

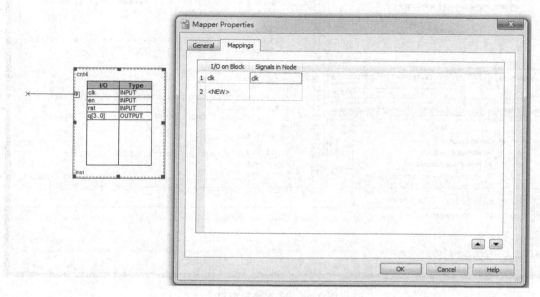

图 2-43　设置连线属性

　　顶层设计文件完成后，可以为每个图形块建立 HDL 语言文件或图形设计文件。在图形块上单击鼠标右键，选择 "Create Design File from Selected Block..." 命令，在弹出的对话框中选择设计文件类型。当选择 "Verilog HDL" 类型并确定后，进入 Verilog HDL 文本编辑窗口，可输入相应的 Verilog HDL 程序，如图 2-44 所示。

　　3）硬件描述语言设计文件。在大型设计中一般都采用硬件描述语言（HDL）进行设计。目前较为流行的 HDL 语言有 VHDL、Verilog HDL 等，其共同的特点是易于使用自上向下的设计方法，易于模块划分和复用，移植性强，通用性好，设计不因芯片工艺和结构的改变而变化，便于 ASIC 的移植。HDL 语言是纯文本文件，用任何编辑器都可以编辑，有些编辑器集成了语言检查、语法辅助等功能，这些功能给 HDL 语言的设计和调试带来了很大的便利。

　　Quartus Ⅱ 支持 AHDL、VHDL、Verilog HDL 语言。在新建设计文件选择窗口中，选择相应的文件类型，即可进入文本编辑窗口。在输入 HDL 语言程序时，可以利用 Quartus Ⅱ 提供的设计模板。在图 2-44 所示的文本编辑窗口中单击鼠标右键，选择 "Insert Template" 命令，弹出的模板如图 2-45 所示，窗口的左侧是基本的设计项目，右侧是相应的设计模块。点击窗口底部的 Insert 按键，即可在编辑窗口中插入模块。

　　程序输入完成后，Verilog HDL 程序保存为后缀名为 .v 的文件，VHDL 程序保存为后缀名为 .vhd 的文件，AHDL 程序保存为后缀名为 .tdf 的文件。

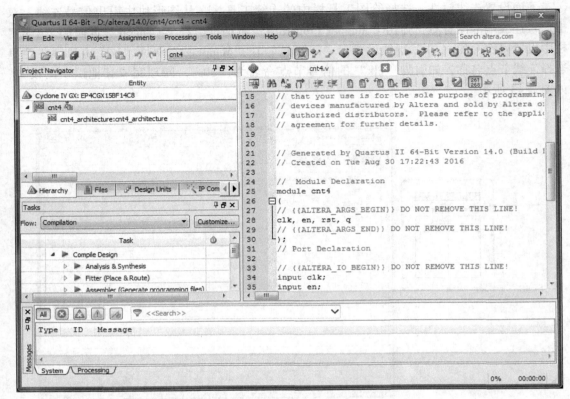

图 2-44　文本编辑窗口

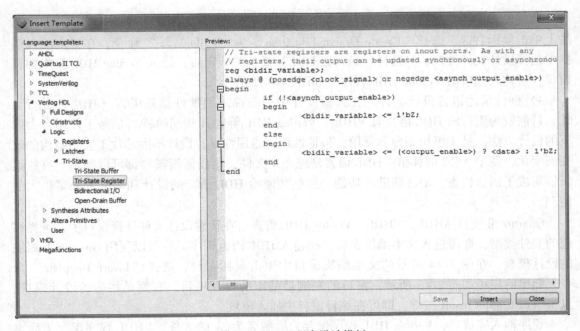

图 2-45　HDL 程序设计模板

**2. 编译**

（1）指定目标芯片

一般来说，利用 Quartus Ⅱ 的工程向导建立工程时，就完成了目标芯片的指定。如果想在编译之前改变目标芯片的型号，可以单击菜单命令 Assignments/Setting，在弹出的设置窗口中的 Category 栏中选择 device，或直接单击菜单命令 Assignments/Device，在此设置窗口中可以选择目标芯片的系列、型号，如图 2-46 所示。

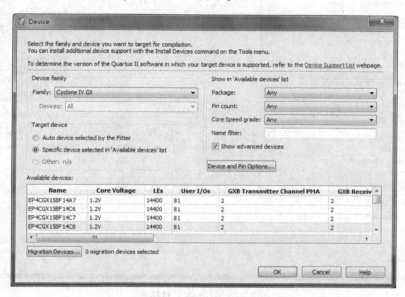

图 2-46　目标芯片的指定

（2）引脚锁定

引脚锁定就是将原理图文件或 HDL 语言文件中的输入、输出信号与目标芯片的具体引脚对应起来。单击菜单命令 Assignments/Pin Planner，弹出 All Pins 窗口，在 Location 栏中双击鼠标左键并选择对应的引脚号，如图 2-47 所示。

（3）运行编译器

单击菜单命令 Processing/Start Compilation，则系统执行所有的编译功能，包括综合、适配、装配，也可以选择菜单命令 Processing/Start...，运行单独的编译功能。

**3. 仿真验证**

（1）建立波形文件

1）利用波形编辑器建立波形文件。在 Quartus Ⅱ 中，可以利用自带的波形编辑器建立矢量波形文件。单击菜单命令 File/New，在弹出的对话框中选择 Verification/Debugging Files 标签页，从中选择 "University Program VWF"，则弹出波形编辑器窗口，窗口左侧的 Name 列需要添加输入、输出节点，右侧为波形显示区。

在波形编辑器左侧 Name 列的空白处单击鼠标右键，在弹出的菜单中选择 "Insert Node or Bus..." 命令，或直接双击鼠标左键，则弹出如图 2-48 所示的节点添加对话框。可以在 Name 栏中直接输入节点名称，也可以点击 Node Finder 按键，在弹出的 Node Finder 窗口中查找节点。

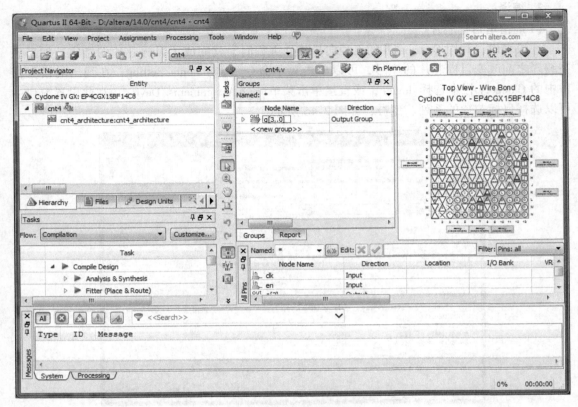

图 2-47　引脚锁定对话框

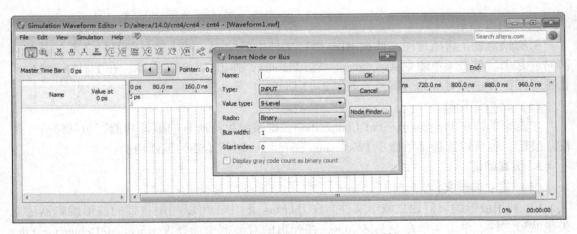

图 2-48　波形编辑窗口及节点添加对话框

　　添加完所有的输入节点和准备观察的部分输出节点后，单击菜单命令 Edit/Set End Time，在弹出的设置框中修改仿真时间和单位，在 Quartus Ⅱ 中默认值是 $1\mu s$。

　　在某个输入节点的波形区单击鼠标左键，拖动鼠标选定一段区域后，波形工具栏被激活，通过波形工具可以设置所选区域的状态，完成波形设置，如图 2-49 所示。可以利用放大镜工具调整波形的显示，单击鼠标左键放大波形，单击鼠标右键缩小波形。

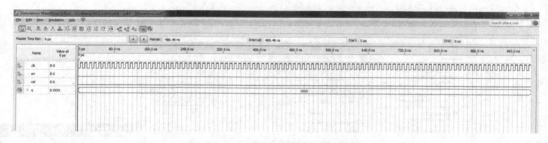

图 2-49　设置后的波形图

2）利用 Modelsim 实现波形仿真。波形仿真也可以通过 Quartus Ⅱ 与 Modelsim 的联合仿真来实现，本书中部分实验的仿真就是通过此方法来实现。与在 Quartus Ⅱ 中利用波形编辑器建立矢量波形文件相比，Quartus Ⅱ 与 Modelsim 的联合仿真功能更强大，但是操作起来也更复杂。

第一次用 Modelsim + Quartus Ⅱ 的时候需要在 Quartus 中设置 Modelsim 的路径，单击菜单栏 Tools- > Options- > general- > EDA tool options，在右边选择 Modelsim 的安装路径，如图 2-50。在 Assignments- > setting- > EDA Tool Setting- > simulation 中设置仿真工具（选择 Modelsim-Altera），输出 netlist 语言（选择 Verilog HDL），然后在下面添加 Test Bench，如图 2-51 所示，在 Settings 标签页中选择 Compile test bench 后，单击 Test Bench 弹出新的标签页，单击 NEW 按钮，在新弹出窗口中的 Test Benches Name 设置模块名，并在 Test bench and simulation files 处添加要仿真的 Verilog HDL 文件。

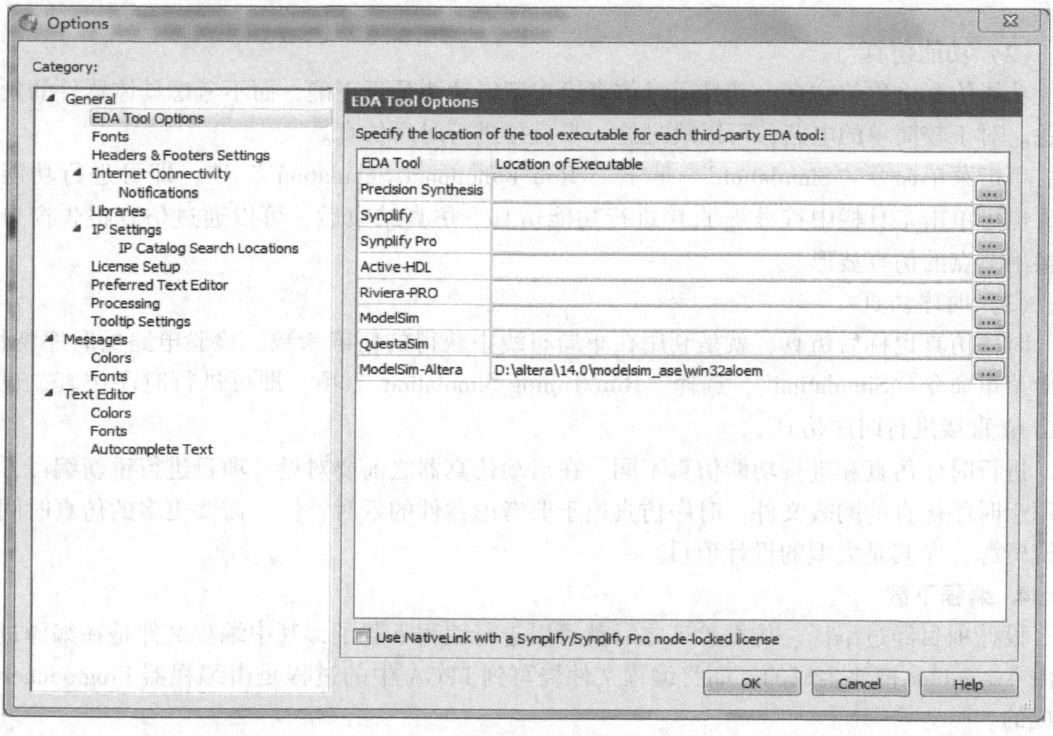

图 2-50　设置 Modelsim 的路径

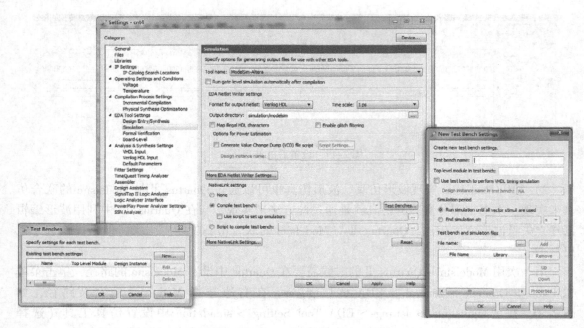

图 2-51　设置仿真工具

设置完成之后，单击 Processing→Start Compilation 开始编译，编译结束后自动运行 Modelsim 软件，编译添加测试程序到 Work Library 库中，之后进行仿真便可以得到仿真波形。

（2）功能仿真

功能仿真也称前仿真，就是通过仿真检查逻辑功能是否正确，而不考虑具体器件的延时问题。对于较简单的电路，可以跳过这一步直接进行时序仿真。

单击菜单命令"Simulation"，选择"Run Functional Simulation"项，即可进行功能仿真。也可单击工具栏中符号 直接进行功能仿真。仿真结束后，可以通过仿真报告窗口观察输出节点的仿真波形。

（3）时序仿真

时序仿真也称后仿真，就是利用在布局布线中获得的精确参数，检验电路的时序特性。单击菜单命令"Simulation"，选择"Run Timing Simulation"项，即可进行时序仿真。也可单击 直接进行时序仿真。

进行时序仿真和进行功能仿真不同，在启动仿真器之前要对设计项目进行重新编译，生成用于时序仿真的网表文件。时序仿真由于要考虑器件的延时特性，需要更多的仿真时间和系统资源，尤其是大型的设计项目。

**4. 编程下载**

设计项目经过编译、仿真验证之后就可以进行编程下载了，其中编程文件是在编译过程中由 Assembler 模块生成的，而将编程文件烧写到 FPGA 中的过程是由编程器 Programmer 来完成的。

单击主菜单 Tool/Programmer 命令，弹出如图 2-52 所示的编程器窗口，在此窗口自动打开一个名称为"工程.cdf"的链式描述文件，包括了当前工程的编程文件、所选目标芯片等信息。

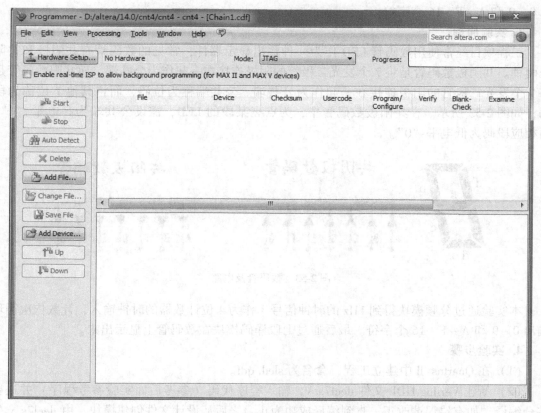

图 2-52　编辑器窗口

单击编程器的 Mode 下拉菜单，从中选择编程模式。Quartus II 支持 4 种编程模式：被动串行模式、JTAG 模式、主动串行模式和套接字内模式。单击 Hardware Setup 编程硬件设置按键，在弹出的对话框中点击 Add Hardware 按键，选择编程硬件和端口。设置完成后，单击主菜单 File/Save 命令，保存"工程.cdf"文件。单击 Start 按键开始编程，当出现对话框提示编程完成后，单击 OK 按键结束。此后，编程文件将下载到 FPGA 芯片中，可以由进度条观察下载进度。

通过仿真、测试验证后的设计，可以封装为符号模块，文件后缀为 bsf。单击菜单 File→Create/Update→Create Symbol Files for Current File。生成的符号模块可以在更高层的设计文件中作为一个功能器件使用。

## 2.2.2　Quartus II 仿真实验

### 2.2.2.1　静态数码管显示

**1. 实验目的**

学习 7 段静态数码管显示译码器的设计，了解、熟悉和掌握 FPGA 开发软件 Quartus II 的使用方法，学习 Quartus II 中宏功能模块的调用。

**2. 实验内容**

建立共阳极 7 段数码管译码显示模块，控制 LED 数码管静态显示。要求数码管依次显示 0~9 和 A~F 16 个字符。

**3. 实验原理**

工程项目经常使用数码管 LED 作为一种输出显示器件，常见的数码管有共阴极和共阳极两种。共阴极数码管是将 7 个发光二极管的阴极连接在一起作为公共端，而共阳数码管是将 7 个发光二极管的阳极连接在一起作为公共端。公共端称为位码，而将其他 7 位称为段码，如图 2-53 所示。在共阳极数码管中，为点亮某段的 LED，需设公共端为高电平"1"，而相应段码为低电平"0"。

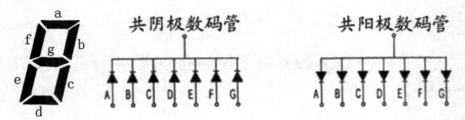

图 2-53　数码管及电路

本实验通过分频模块得到 1Hz 的时钟信号，作为 4 位计数器的时钟输入，计数依次循环输出 0~9 和 A~F 16 个字符。最后通过七段译码模块在数码管上显示出来。

**4. 实验步骤**

（1）在 Quartus Ⅱ 中建立工程，命名为 sled. qdf。

（2）新建 Verilog HDL 文件 decl7s. v，输入程序代码（参考后面实验参考程序）并进行综合编译，如有错误请改正，直到编译成功为止，之后从设计文件创建模块，由 decl7s. v 生成 decl7s. bsf 的模块符号文件。此模块实现译码器功能。

（3）添加 4 位计数器宏功能模块。

1）单击菜单 Tool→IP Catalog，在弹出的窗口中选择 Installed IP/Library/BasicFunctions/Arithmetic/LPM_COUNTER，打开如图 2-54 所示对话框，给模块命名并选择"Verilog"。

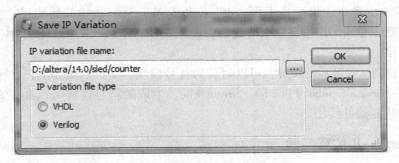

图 2-54　添加宏功能模块向导对话框——Page1

2）单击 OK 按钮后弹出图 2-55，选择 Up only 代表加法计数器。

3）单击 Next，之后选择默认设置即可。最后单击 Finish 完成 4 位计数器宏模块的添加。

（4）新建图形设计文件并命名为 sled. bdf。在空白处双击鼠标左键。在弹出的 Symbol 对话框左上角的 Library 中，分别将 project 下的 PLL、decl7s 和 counter 模块放在图形设计文件 sled. bdf 中。其中 PLL 模块作为分频模块使用，具体设计这里不再给出。在 name 中输入 gnd 将"地"符号添加到图形设计文件中。加入输入和输出引脚并对引脚进行命名。使用连接线将各个模块连接起来，完整的顶层文件如图 2-56 所示。

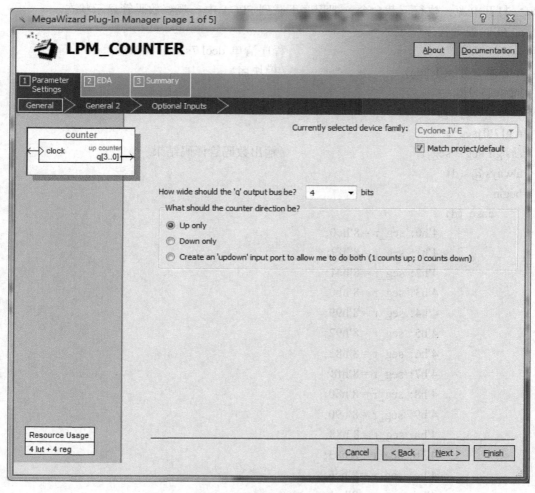

图 2-55 添加宏功能模块向导对话框——Page2

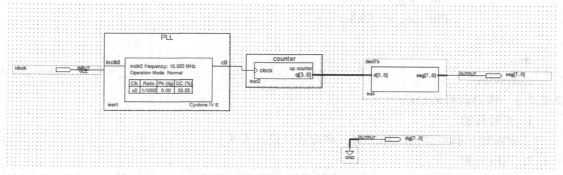

图 2-56 静态 LED 显示顶层文件

（5）选择目标芯片并对相应的引脚进行锁定。

（6）将 sled. bdf 设置为顶层文件。对该工程进行编译处理。

（7）连接硬件，下载程序。

将 Altera ByteBlaster Ⅱ 下载电缆的两端分别接到 PC 的打印机并口和开发板上的 JTAG 下载口，打开电源，执行下载命令，把程序下载到 FPGA 中。观察数码管显示状态。

**5. 实验参考程序**

　　　　　　　　　　　　　　　　　　　　　程序清单 decl 7s. v

```
moduledecl7s(d,seg);            //模块名
input [3:0]d;
output[7:0]seg;
reg[7:0]seg_r;
assign seg = seg_r;             //输出数码管译码结果
always@ (d)
begin
    case (d)
            4'h0: seg_r = 8'hc0;
            4'h1: seg_r = 8'hf9;
            4'h2: seg_r = 8'ha4;
            4'h3: seg_r = 8'hb0;
            4'h4: seg_r = 8'h99;
            4'h5: seg_r = 8'h92;
            4'h6: seg_r = 8'h82;
            4'h7: seg_r = 8'hf8;
            4'h8: seg_r = 8'h80;
            4'h9: seg_r = 8'h90;
            4'ha: seg_r = 8'h88;
            4'hb: seg_r = 8'h83;
            4'hc: seg_r = 8'hc6;
            4'hd: seg_r = 8'ha1;
            4'he: seg_r = 8'h86;
            4'hf: seg_r = 8'h8e;
    endcase
end
endmodule
```

### 2. 2. 2. 2　按键消抖动电路

**1. 实验目的**

了解按键消抖电路的工作原理，掌握硬件设计方法。

**2. 实验内容**

本实验的主要内容是建立按键消抖模块，通过按键 KEY1（经过消抖）和按键 KEY2

（不进行消抖）控制数码管显示数字，对比两者的效果。

**3. 实验原理**

作为机械开关的键盘，在按键操作时，在触点闭合或开启的瞬间会出现电压抖动，如图 2-57 所示。实际应用中如果不进行处理便可能造成误触发。

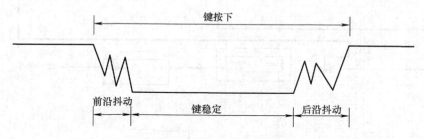

图 2-57　按键电压抖动示意图

按键去抖动的关键在于提取稳定的低电压状态，滤除前后沿的抖动毛刺。对于一个按键信号，可以用一个脉冲对它进行采样。如果连续三次采样为低电平，可以认为信号已经处于键稳定状态，此时输出一个低电平信号。继续采样的过程中如果不能满足连续三次采样均为低电平，则认定低电平已经结束，这时输出变为高电平。一通道的消抖电路原理图如图 2-58 所示。

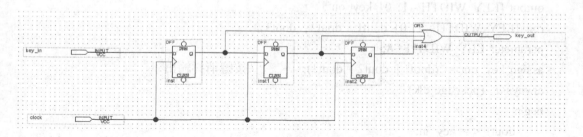

图 2-58　按键电平消抖动硬件原理图

**4. 实验步骤**

1）在 Quartus Ⅱ 中建立工程，命名为 key_debounce. qdf。

2）新建 Verilog HDL 文件 debounce. v，输入程序代码（参考程序清单）并进行综合编译，如有错误请改正，直到编译成功为止。之后从设计文件创建模块，由 debounce. v 生成 debounce. bsf 的模块符号文件。

3）利用分频模块 PLL、计数模块 counter、译码模块 decl7s 设计整个系统，其他步骤参考例 1。顶层模块原理图 key_debounce. bdf 如图 2-59 所示。

4）选择目标芯片并对相应的引脚进行锁定。

5）对设计文件进行编译，连接硬件并下载程序。

6）连续按下 KEY1，观察数码管的显示状态，看数值是否连续递增；连续按下 KEY2，观察数码管的显示状态，看数值是否连续递增，比较前后两次操作有何不同。

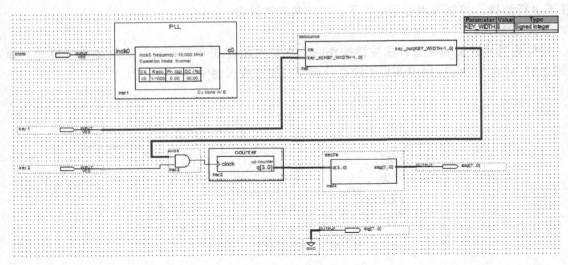

图 2-59　按键消抖动顶层模块

**5. 实验参考程序**

```
moduledebounce(clk, key_in, key_out);                //按键消抖模块
inputclk;
input [KEY_WIDTH - 1: 0] key_in;
output [KEY_WIDTH - 1: 0] key_out;
reg [KEY_WIDTH - 1: 0] dout1, dout2, dout3;
parameter KEY_WIDTH = 8;
assign key_out = (dout1 | dout2 | dout3);            //按键消抖输出
always@ (posedge clk)
begin
    dout1 < = key_in;
    dout2 < = dout1;
    dout3 < = dout2;
end
endmodule
```

## 2.3　Verilog HDL 语言介绍

随着 EDA 技术的发展，使用硬件描述语言设计 CPLD/FPGA 成为一种趋势。硬件描述语言 HDL（Hardware Description Language）是采用文本形式描述数字电路和系统的语言，与传统的利用原理图设计电路的方法相比，采用 HDL 可以从抽象到具体逐级设计电路，大大降低设计的难度，在数字系统和器件设计中得到广泛应用。到 20 世纪 80 年代已经出现了上百种硬件描述语言，其中 VHDL 语言和 Verilog HDL 语言逐渐脱颖而出先后成为 IEEE 标准。对于硬件设计，Verilog HDL 具有许多优点：

1）Verilog HDL 是在 C 语言的基础上发展起来的，语法较自由，较容易掌握。

2）Verilog HDL 允许在同一个电路模型内进行不同抽象层次的描述。设计者可以从开关级、门级、RTL 级或行为级等各个层次对电路模型进行定义。

3）绝大多数流行的综合工具都支持 Verilog HDL，所有制造厂商提供的元件库都可用于 Verilog HDL 综合之后的逻辑仿真。

4）编程语言接口（PLI）是 Verilog HDL 语言最重要的特性之一，使得设计者可以通过自己编写的 C 代码来访问 Verilog 内部的数据结构。

## 2.3.1　Verilog HDL 的语法结构

（1）Verilog HDL 层次化设计

层次化设计是 Verilog HDL 设计描述的一种风格，而模块实例化是其具体的实现方式。模块是 Verilog HDL 设计中的基本组成单元，一个设计是由一个或多个模块组成的。一个模块的代码主要由下面几个部分构成：模块名定义、端口描述和内部逻辑功能描述。一个模块通常就是一个电路单元器件，例如：

```
module exap(a,b,c,d);
        input a,b;
        output c,d;

        assign   c = a;

        assign d = b;
endmodule
```

上例的代码定义了一个名为 exap 的电路器件。代码中用关键字 module 定义模块的名字，然后用括号列出该模块的端口。在模块名定义后面，分别用 input 和 output 关键字指定端口的方向。端口定义完成后，给出描述该模块功能的代码，最后用关键字 endmodule 来结束该模块的描述。上述代码描述的电路，实际上对应于硬件的一个功能模块，该模块有 2 个输入端口 a 和 b，以及 2 个输出端口 c 和 d。通过对该模块的端口进行连线，可以将其与其他模块连接在一起，形成功能更复杂的电路。

（2）Verilog HDL 的基本语法

Verilog 代码与一般计算机程序一样，其源文件是由一连串记号和字符构成的语句组成。这些记号和字符包括操作符、注释说明、空白、数字、字符串、标识符和关键字等。

操作符的类型包括单目操作符（Unary）、双目操作符（Binary）及三目操作符。单目操作符将操作符置于操作数左侧；双目操作符是将操作符放于两个操作数中间；而三目操作符则具有两个分开的操作符，以分开三个独立的操作数。Verilog 语法仅有一个三目操作符，即条件操作符。

Verilog HDL 中可以用两种方式书写注释：单行注释和多行注释。单行注释以"//"开头；多行注释则以"/＊"开始，以"＊/"终止。当 EDA 工作平台执行综合时，会自动跳过这些注释说明。

空白符包括空格符（\b）、制表符（\t）和换行符，主要用于分割 Verilog HDL 语言中的各个词法单元和符号。在各个词法单元或符号之间，可以用一个或多个空白符隔开，空白符的数量不会影响编译结果。字符串中的空白符被视作字符元素而保留。

标识符是代码中对象的名字，可以由字母、数字、下划线、美元符号（$）组成，但是第一个字符必须是字母或下划线。标识符区分大小写。转义标识符以反斜线（\）开头，以空白符结束，包含任何可以打印的字符，而其头尾将不作为转义标识符内容本身的一部分。

关键字是 Verilog HDL 语言中保留的、用于其语法的特殊标识符，表示特定的含义，不能再用作标识符。所有关键字均为小写。

（3）Verilog HDL 数据类型及其常量和变量

Verilog 硬件描述语言中的数据类型，主要用来说明储存在数字硬件中或传送于数字组件间的数据类型。主要有两大数据类型：线网类型和寄存器类型。线网（Net）是建立结构化连接的，寄存器则是存储信息的。

Verilog HDL 语言中的数值集合包括 4 种基本数值：0、1、x 和 z。其中 0 代表逻辑零电位或条件式中的"假"；1 代表逻辑高电位或条件式中的"真"；x 代表未知的逻辑值；z 代表高阻抗状态。

整型常量有 4 种进制表示方式：二进制整数（b 或 B），十进制整数（d 或 D），十六进制整数（h 或 H），八进制整数（o 或 O）。其一般书写格式为：

［位宽］'［进制］［数值］

其中位宽和进制均可忽略，但是不推荐这样写，最好是明确地制定位宽和进制，使代码一目了然。若忽略进制，则默认为十进制数。如果要表示一个负数，只需在位宽表达式前加一个减号，减号必须写在数字定义表达式的最前面。

在 Verilog HDL 中用 parameter 来定义常量，即用 parameter 来定义一个标识符代表一个常量，称为符号常量，采用标识符代表一个常量可以提高程序的可读性和可维护性。Parameter 型数据是一种常数型的数据，其说明格式如下：

parameter 参数名 1 = 表达式，参数名 2 = 表达式，……，参数名 n = 表达式；

变量（Variable）表示一个抽象的数据存储单元，变量的值从一条赋值语句保存到下一条赋值语句。变量的类型有很多种，这里主要对常用的几种进行介绍。

线网类型可以分为很多种，其中以 wire 类型及 tri 类型最为常见，其声明格式为：

线网类型［signed］［位宽］线网名；

其中［signed］表示声明一个带符号的变量，默认情况下变量无符号。

wire 类型数据常用 assign 关键字指定组合逻辑信号。Verilog 程序模块中输入、输出信号类型默认时自动定义为 wire 型。wire 型信号可以用作任何方程式的输入，也可以用作"assign"语句或实例元件的输出，其格式如下：

wire［n−1：0］数据名 1，数据名 2，…，数据名 i；//共有 i 条总线，每条总线内有 n 条线路，或 wire［n：1］数据名 1，数据名 2，…数据名 i。

reg 型也称寄存器型，是 Verilog HDL 设计中最重要也是最常见的一种类型。表示一个抽象的数据存储单元，变量的值从一条赋值语句保持到下一条赋值语句，声明格式为：

reg［signed］［位宽］数据名 a，数据名 b，…，数据名 z；

其中［signed］表示数值为有符号数（以二进制补码形式保存），若缺省则表示变量被声明为无符号数。

　　向量通过位宽定义语法［msb：lsb］指定地址范围，其中 msb 和 lsb 必须是常数值或 parameter 参数，或者是可以在编译时计算为常数的表达式，且可以为任意符号的整数值。

　　（4）运算符及表达式

　　Verilog HDL 语言的运算符范围很广，运算符按其功能可分为：算术运算符（ + , － , ＊ , ∕ , ％ ）、赋值运算符（ = , < = ）、关系运算符（ > , < , > = , < = ）、逻辑运算符（&& ,｜｜ ,! ）、条件运算符（ ?: ）、位运算符（ ~ ,｜, ^ , & , ^ ~ ）、移位运算符（ < < , > > ）、拼接运算符（｛｝）等。按其所带的操作数个数可以分为单目运算符、双目运算符和三目运算符。

　　在 Verilog HDL 语言中，算术运算符又称为二进制运算符，共有以下 5 种：

　　1）　+ （加法运算符或正值运算符）。

　　2）　－ （减法运算符或负值运算符）。

　　3）　＊（乘法运算符）。

　　4）∕（除法运算符）。

　　5）％（模运算符或称为求余运算符，要求％两侧均为整型数据）。

　　Verilog HDL 作为一种硬件描述语言，是针对硬件电路而言的。在硬件电路中信号有 1，0，x，z 4 种状态值。在电路中信号进行与、或、非时，反映在 Verilog HDL 中则是相应的操作数的位运算：

　　1）"取反"运算符" ~ "，是一个单目运算符，用来对一个操作数进行按位取反运算。

　　2）"按位与"运算符" & "，是将两个操作数的相应位进行与运算。

　　3）"按位或"运算符"｜"，是将两个操作数的相应位进行或运算。

　　4）"按位异或"运算符" ^ "，是将两个操作数的相应位进行异或运算。

　　5）"按位同或"运算符" ^ ~ "，是将两个操作数的相应位先进行异或运算再进行非运算。

　　两个长度不同的数据进行位运算时，系统会自动地将两者按右侧对齐，位数少的操作数会在相应的高位用 0 填满，以使两个操作数按位进行操作。

## 2. 3. 2　Verilog HDL 行为描述

　　（1）Verilog HDL 的基本描述形式

　　1）数据流描述方式。使用连续赋值语句对数据流行为进行描述，格式为

assign ［延迟］wire 型变量 = 表达式；

例如，利用连续赋值语句描述一个加法器组合逻辑电路，该电路的延迟为 5 个仿真时间：

　　assign #5 a = b + c；//经过 5 个时间单位延迟，b + c 的值将赋给 a

　　2）行为描述方式。使用结构化过程语句对时序行为进行描述，包括两种语句：initial 语句和 always 语句，格式为

```
    always  @（事件控制列表）begin
        …
    end
或
    initial begin
        …
    end
```

3）层次化描述方式。层次化描述是通过实例化语句创建层次结构来描述电路，通常用线网来指定模块实例之间的连接，格式为

模块名实例名（端口连接关系列表）

（2）结构化过程语句

结构化过程语句包含 initial 语句和 always 语句，是行为描述方式的基本语句。所有行为描述的语句必须包含在这两种语句当中。每个 initial 或 always 语句模块在仿真时都是一个独立的执行过程，它们是并行的，这与 C 语言有很大不同。这些语句在代码中的定义顺序与执行顺序没有关系，每个执行过程都从仿真时间的 0 时刻同时开始。此外，initial 和 always 语句不能相互嵌套使用，使用时要注意二者的区别：

1）一条 initial 语句从仿真的 0 时刻开始执行，但是只执行一次。如果 initial 语句中包含了多条行为语句，那么需要用 begin 和 end 将其组合成块语句，如果只包含了单条行为语句，则不必使用 begin 和 end。因为 initial 语句只执行一次的特点，它一般用于初始化变量，达成模块输入激励等目的。

2）always 语句同样是从 0 时刻开始并行执行的，但不同之处在于 always 语句在执行完所有内部的语句后立刻从头开始重新执行，并循环往复，一直到仿真结束。因为 always 循环执行这一特性，通常需要给它加上时序控制，否则会变成一个无限循环的过程，从而造成仿真锁死。

（3）顺序块和并行块

块语句的作用是将两条或更多条过程语句组合在一起，变成像一条过程语句一样的语法结构。块语句可以分为两种：一种是 begin...end 语句，块里面的语句顺序执行，称为顺序块；另一种是 fork...join 语句，块里面的语句并行执行，称为并行块。

1）顺序块。顺序块中的各条语句是按顺序执行的，前一条语句执行完后才能执行后一条语句，所以每条语句的延迟值是相对于前一条语句的仿真时间而言的，其格式为：

begin
语句1；
语句2；
end

2）并行块

并行块中的语句是并行执行的，一旦仿真进入并行块，则块中的所有语句都同时从并行块被调用的仿真时刻开始执行。若使用延迟语句，则每条语句的延迟值都是相对于并行块开始执行的仿真时刻而言的，与前后语句的执行顺序无关，其格式如下：

fork
语句1；
语句2；
…
join

3）块语句的特点。块语句可以嵌套使用，顺序块可以和并行块混合在一起使用。块语句可以被命名，命名块是设计层次的一部分，命名块也可以被禁用。命名块中可以声明局部变量，声明的变量可以通过层次名调用并进行访问。

（4）赋值语句

1）非阻塞赋值方式（如 b < = a;）。在语句块中，之前语句所赋的变量值不能立即为之后的语句所用，需块结束后才能完成这次赋值操作，而所赋的变量值是上一次赋值得到的。在编写可综合的时序逻辑模块时，这是最常用的赋值方法。

2）阻塞赋值方式（如 b = a;）。赋值语句执行完后，块才结束。b 的值在赋值语句执行完后立刻发生改变。因此，在时序逻辑中使用时，可能会产生意想不到的结果。

（5）条件语句

条件语句可以根据某个判定条件来确定后面的语句是否执行。条件语句的关键字是 if 和 else。Verilog HDL 语言提供了 3 种形式的 if 语句。

1）if（条件表达式）

条件为真执行的语句；

2）if（条件表达式）

条件为真执行的语句；

　　else

条件为假执行的语句；

3）if（条件表达式 1）

条件为真执行的语句 1；

　　else if（条件表达式 2）

条件为真执行的语句 2；

　　else if（条件表达式 3）

条件为真执行的语句 3；

　　…

　　else

条件为假执行的语句；

3 种形式的 if 语句中如果 if 后面都有表达式，一般为逻辑表达式或关系表达式。系统对表达式的值进行判断，若为 0、x、z，按"假"处理，若为"真"，则执行指定的语句。

（6）case 语句

case 语句是一种多分支选择语句。if 语句只有两个分支可供选择，而实际问题中常常需要用到多支路选择，Verilog HDL 语言提供的 case 语句直接处理多分支选择，其格式如下：

　　case（表达式）

分支表达式 1：语句 1；

分支表达式 2：语句 2；

　　　　…

　　default：默认语句；

endcase

case 语句在执行时，首先计算表达式的值，然后按顺序将它与各分支表达式的值进行比较，当找到相等的分支表达式后，执行相应的语句然后跳出 case 语句。如果和所有分支表达式的值都不相等，则执行 default 分支的默认语句，如果没有 default 分支，则直接退出。

（7）循环语句

Verilog HDL 语言中有 4 种类型的循环语句：while，for，repeat 和 forever。它们都只能在 initial 和 always 语句模块中使用。

1）while 循环语句其格式为：

while（条件表达式）

语句；

当条件表达式为真时，则循环执行里面的语句，如果条件表达式为假，则中止循环并跳出 while。当循环语句为一组语句时，需要用 begin...end 或 fork...join 块语句将这组语句组合成一条语句。

2）forever 循环语句其格式为：

forever

语句；

forever 循环是永久循环，常用于产生周期性的波形，用来作为仿真测试信号。同样的循环语句如果为一组，需要用 begin...end 或 fork...join 将其组合为块语句。

3）for 循环语句其格式为：

for（初始条件表达式；终止条件表达式；控制变量表达式）

语句；

同样，若 for 循环下面需要运行多条语句，则必须用 begin...end 或 fork...join 将其组合为块语句。

4）repeat 循环语句其格式为：

repeat（循环次数）

语句；

其中，循环次数必须是一个常量、变量或者表达式。repeat 循环最大的特点是执行固定次数的循环，它不能根据某个条件表达式来决定循环执行与否。如果一次循环需要运行多条语句，则必须用 begin...end 或 fork...join 将其组合为块语句。

## 2.3.3 组合逻辑建模

（1）组合逻辑的门级描述

组合逻辑的门级建模是指用 Verilog HDL 门级描述的方式来设计组合逻辑电路。门级描述属于 Verilog HDL 层次化描述方式，即通过直接实例化 Verilog HDL 语言提供的预定义门单元的方式来构建组合逻辑电路。

1）与门、或门及同类门单元。与门、或门及属于与/或门类的门单元都具有一个输出端口，以及一个或多个输入端口。Verilog HDL 提供 6 个基本的门类型，其关键字和所表示的类型为：

and—与门，nand—与非门，nor—或非门，or—或门，xor—异或门，xnor—异或非门

在实例化此类门单元时，端口连接关系列表的第一个端口连接该门的输出信号，从第二个端口开始接输入信号。输入端口的数目可以超过两个，实例化时只需要在连接列表中将多个输入信号依次全部排列在输入信号后面即可，仿真和综合会自动判断门单元的输入端口数，生成相应的门电路。

2）缓冲器和非门。buf 及 not 门均有一个输入及一个或多个输出。利用这两个逻辑门生

成组件实例时，端口列表中的最后一个端口连接到该门的输入，其余端口则全部连接至输出。

buf 及 not 逻辑门加入控制信号后，所延伸的组件还有 bufif1，bufif0，notif1 及 notif0。这 4 种门单元都有一个数据输入端口、一个控制信号输入端口和一个数据输出端口。在实例化门单元时，端口关系列表的第一个端口连接数据输出信号，第二个端口连接数据输入信号，第三个端口连接控制信号。对于 bufif0 和 notif0，低电平控制信号有效；而对于 bufif1 和 notif1，高电平控制信号有效。

（2）组合逻辑的数据流描述

连续赋值语句是 Verilog HDL 数据流建模的基本语句，用于对线网进行赋值。对于连续赋值语句，只要输入端操作数的值发生变化，该语句便会重新计算并刷新赋值结果。可以使用连续赋值语句来描述组合逻辑电路，而不需要采用门电路和互联线。连续赋值的目标类型主要是标量线网和向量线网。

标量线网："wire a, b;"，向量线网："wire [3:0] a, b;"

连续赋值语句只能用来对线网型变量进行驱动，而不能对寄存器型变量进行赋值。它可以采取显式连续赋值语句和隐式连续赋值语句两种赋值方式。

1）显式连续赋值语句的语法格式如下：

< net_declaration > < range > < name >；

assign# < delay > < name > = assignment expression；

这种格式的连续赋值语句包含两条语句：第一条语句是对线网型变量进行类型说明的语句，第二条语句是对这个线网型变量进行连续赋值的语句。赋值语句是由关键字 assign 引导的，它能够用来驱动线网型变量，而且只能对线网型变量进行赋值，主要用于对 wire 型变量的赋值。

2）隐式连续赋值语句的语法格式如下：

< net_declaration > < drive_strength > < range ># < delay > < name > = assignment expression；

这种格式的连续赋值语句把线网型变量的说明语句以及对该线网型变量进行赋值的语句结合到同一条语句中，利用它可以在对线网型变量进行说明的同时实现连续赋值。

（3）组合逻辑的行为描述

与数据流描述不同的是，行为描述中的赋值语句（出现在 always 或 initial 语句中）并不是在右边表达式的值变化后就立刻赋值给左边的变量，而是在一定的控制条件下进行赋值。由于行为描述加入了多种灵活的控制功能，因此主要用于更为复杂的时序逻辑和行为级仿真模型。

利用 Verilog HDL 行为描述进行组合逻辑建模，需要使用 always 结构化过程语句，语句下面可以包含各种条件判断和过程赋值语句。过程赋值语句是对结果变量的直接赋值操作，与连续赋值语句相似，也可在右边表达式中使用各种 Verilog HDL 的运算符，对输入数据进行高效的运算，语句的左边变量必须是 reg 型。

## 2.3.4 时序逻辑建模

时序逻辑电路和组合逻辑电路不同，在时序逻辑电路中，输出信号不仅仅取决于当时的输入信号，还取决于电路原来存储的状态，因此，时序逻辑电路中必须含有存储电路，由它将某一时刻之前的电路状态保存下来。存储电路可由触发器来构成，而寄存器和锁存器是时序逻辑电路中最基本的存储单元。

（1）寄存器设计实例

在 always 结构化过程语句后面的敏感列表中加入边沿敏感信号，即可设计出一个简单的寄存器。敏感列表中的信号是该寄存器的时钟信号。always 语句里面是一条过程赋值语句，该过程赋值语句等号左边的操作数是即将生成的寄存器，而等号右边的操作数则是该寄存器的数据输入信号。

【例 2.1】　利用 Verilog HDL 设计一个简单的寄存器。该寄存器在时钟信号 clk 上升沿触发，其数据输入信号为 data_in。

```
//example 2.1
module dff
    (input clk,
    input data_in,
    output reg data_out,
    );
    always @ （posedge clk）
    data_out < = data_in;
endmodule
```

（2）锁存器设计实例

锁存器的描述也使用了 always 结构化过程语句。描述锁存器时，always 语句的敏感列表不包含边沿敏感的信号，并且对于 always 模块里的各个赋值语句，总是包含没有给输出变量赋值的情况。

【例 2.2】　用 Verilog HDL 描述一个简单的锁存器，该锁存器在控制信号 i_en 为高电平时开启，为低电平时锁存当前值。

```
// example 2.2
module latch
    ( input i_en,
    input data_in,
    output reg data_out
    );
    always @ (data_in or i_en)
    if (i_en)
    data_out < = data_in;
endmodule
```

此例中，当输入变量 i_en 为"1"时，输出变量 data_out 被赋值，但在输入变量 i_en 为"0"的情况，程序并没有给输出变量 data_out 赋值的语句，这样就实现了锁存功能。

# 第 3 章

# 模拟电子技术实验

## 3.1 实验 1 常用电子实验仪器的使用

**1. 实验目的**

1）熟练掌握双踪示波器、信号发生器、交流毫伏表、稳压电源、万用表的正确使用方法。

2）为后续实验中仪器的使用打下基础。

**2. 预习要求**

仔细阅读第 1 章常用实验仪器部分。

**3. 实验原理**

在模拟电子电路实验中，经常使用的电子仪器有双踪示波器、函数信号发生器、直流稳压电源、交流毫伏表及频率计等。它们和万用电表一起，可以完成对模拟电子电路的静态和动态工作情况的测试。常用仪器与实验电路的连接如图 3-1 所示。

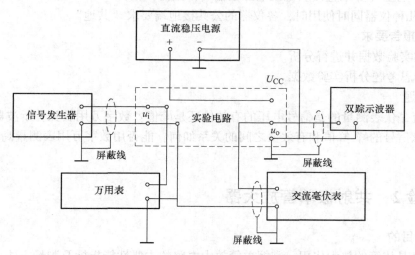

图 3-1　仪器与实验电路的连线示意图

实验中要对各种电子仪器进行综合使用，可按照信号流向，以连线简捷，调节顺手，观察与读数方便等原则进行合理布局。接线时应注意，为防止外界干扰，各仪器的公共接地端应连接在一起，称为"共地"。信号源和交流毫伏表的引线通常用屏蔽线或专用电缆线，示波器引线使用专用电缆线，直流电源的引线用普通导线。

**4. 实验内容**

1）测量并记录示波器标准信号的波形、频率和幅值。

2）调节信号发生器，使其输出频率为 1kHz，有效值为 3V 的正弦信号，用示波器测量此信号，记入表 3-1。

表 3-1  交流信号的示波器测量

| 信号源输出（1kHz、有效值为3V） | | 测量值 |
|---|---|---|
| 示波器 | $U_{P-P}$电压值/V | |
| | 换算成有效值/V | |
| | 相对误差 | |

3）调节信号发生器，使其输出频率分别为 100Hz、1kHz、10kHz、100kHz，有效值为 2V 的正弦信号，分别用毫伏表、数字万用表交流电压档测量它们的电压值，记入表 3-2。

表 3-2  不同频率交流信号的测量

| 频率/Hz | 100 | 1k | 10k | 100k |
|---|---|---|---|---|
| 信号发生器输出幅值/V | | | | |
| 毫伏表测量值/V | | | | |
| 数字万用表测量值/V | | | | |

4）调节信号发生器，使其输出频率为 10kHz，幅值为 2V，占空比分别为 50%、20% 的方波，用示波器观测其正、负脉冲宽度。

5）调节直流稳压电源，使其输出单路 +12V 电压，学会连接为双路 ±12V 电压；使其输出单路 5V 电压（要求直接从稳压电源上输出，无需调整）。

注意：几种仪器同时使用时，各仪器的公共接地端要求"共地"。

**5. 实验报告要求**

1）整理实验数据并进行分析。

2）结合思考题分析实验数据。

**6. 思考题**

1）交流毫伏表测量的是信号电压的有效值还是峰值？数字万用表呢？示波器呢？

2）正弦信号的峰-峰值和有效值之间的关系如何？能否用数字万用表测量高频信号的电压值？

# 3.2  实验 2  共射极单管放大器

**1. 实验目的**

1）研究晶体管的放大作用，掌握单管放大电路的主要性能指标及测量方法。

2）学会放大器静态工作点的调试方法，分析静态工作点对放大器非线性失真的影响。

3）进一步掌握实验室常用仪器的使用方法。

**2. 预习要求**

1）复习共射极放大电路的基本工作原理。

2）了解放大电路电压放大倍数、输入电阻、输出电阻和幅频特性的测试方法。

3）对图 3-2 所示电路进行 Multisim 仿真。通过仿真分析电路的静态工作点以及接负载情况下的电压放大倍数、上限频率和下限频率等指标。

**3. 实验原理**

由一个晶体管组成的单管放大电路是最基本的放大电路。下面以 NPN 型晶体管组成的共射极单管放大电路为例进行研究，电路如图 3-2 所示。

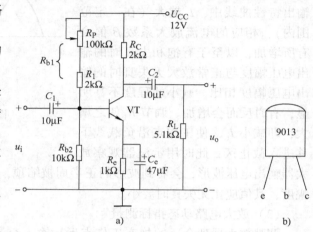

（1）静态工作点对放大器基本性能的影响

考查一个放大器的基本性能，主要是看它能否不失真地放大信号。为使放大器正常工作，必须设计合适的静态工作点。图 3-2 所示电路为工作点稳定的射极偏置实验电路图。它的偏置电路采用 $R_{b1}$ 和 $R_{b2}$ 组成分压电路，并在发射极中接有电阻 $R_e$，以稳定放大器的静态工作点。

在图 3-2 所示电路中，当流过偏置电阻 $R_{b1}$ 和 $R_{b2}$ 的电流远大于晶体管 VT 的基极电流 $I_B$ 时（一般为 5 ~ 10 倍），静态工作点可用下式估算

图 3-2　共射极单管放大器实验电路
a）电路　b）引脚

$$U_B \approx \frac{R_{b2}}{R_{b1} + R_{b2}} U_{CC}$$

$$I_C \approx I_E = \frac{U_B - U_{BE}}{R_e}$$

$$U_{CE} = U_{CC} - I_C(R_c + R_e)$$

为了得到最大的不失真输出电压幅度，静态工作点应尽量选在交流负载线的中点。工作点选得过高会引起饱和失真，过低则会产生截止失真，饱和失真和截止失真统称为放大器的非线性失真。工作点"过高"或"过低"不是绝对的，应该是相对于信号的幅度而言，如输入信号幅度很小，即使工作点较高或较低也不一定会出现失真。对于小信号放大器来说，由于输出电压的幅度小，工作点不一定要选在负载线的中点，而可根据实际要求灵活选择。例如，希望放大器功耗小，工作点可适当选低些，希望放大器的增益高可使工作点适当选高些，等等，但均以不使输出电压的波形产生失真为宜。

（2）放大器静态工作点的测量与调试

1）静态工作点的测量。测量放大器的静态工作点，应在输入信号 $u_i = 0$ 的情况下进行，即将放大器输入端与地端短接，然后选用量程合适的直流电压表，分别测量晶体管各极对地电位 $U_B$、$U_C$ 和 $U_E$。实验中，为了避免断开集电极，一般采用测量电压，然后换算出各级电流的方法，例如 $I_C = \dfrac{U_{CC} - U_C}{R_C}$。为了减小误差，提高测量精度，实验时应选用内阻较高的直流电压表。

2）静态工作点的调试。改变电路参数 $U_{CC}$、$R_C$、$R_P$、$R_1$、$R_{b2}$、$R_e$ 都会引起静态工作点的变化，但通常多采用调节偏置电阻 $R_P$ 的方法来改变电路的静态工作点。

调节 $R_P$ 使之减小，即增大 $I_C$，使工作点沿负载线上移进入饱和区，用示波器观察输出波形，看到输出波形的负半周被削底，如图 3-3a 所示。测量此时的输出电压，应比正常放大无失真时有所减小，但由于晶体管输出特性曲线中，$I_C$ 越大（在一定范围内），相应的电流放大系数 $\beta$ 值会有所增加，以至于有饱和失真时的输出电压幅度与正常放大无失真时的输出电压幅度相比，减小的程度不甚明显，有时反而会增加。调节 $R_P$ 使之增大，即减小 $I_C$，使工作点沿负载线下移进入截止区，此时用示波器观察放

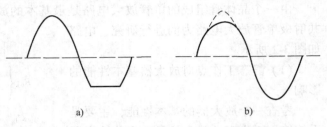

图 3-3　静态工作点对输出波形的影响
a）饱和失真　b）截止失真

大器输出电压波形，会看到波形的正半周被缩顶，如图 3-3b 所示。测量失真后的输出电压幅度，其值应比无失真时要小。

（3）放大电路动态指标测量

调整放大器到合适的静态工作点后，输入交流信号 $u_s$，这时电路处于动态工作状态，放大电路的基本性能指标主要是动态参数，包括电压放大倍数、输入电阻、输出电阻、频率响应特性等。这些参数必须在输出信号不失真的情况下才有意义。测量放大电路动态指标的原理如图 3-4 所示。

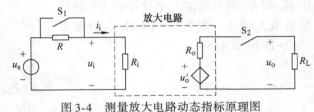

图 3-4　测量放大电路动态指标原理图

1）电压放大倍数 $\dot{A}_u$ 的测量。电压放大倍数 $\dot{A}_u$ 是指输出电压 $u_o$ 与输入电压 $u_i$ 的有效值之比，即

$$\dot{A}_u = \frac{\dot{U}_o}{\dot{U}_i}$$

2）输入电阻 $R_i$ 的测量。输入电阻是表明放大电路从信号源吸取电流大小的参数，$R_i$ 越大，放大电路从信号源吸取的电流则越小，反之则越大。如图 3-4 所示，放大器的输入电阻是从放大器输入端看进去的等效电阻，即

$$R_i = \frac{\dot{U}_i}{\dot{I}_i}$$

测量交流电流 $\dot{I}_i$ 比较困难，通常采用换算法测量 $R_i$，测量电路如图 3-4 所示。图中 $R$ 为串入输入信号与放大电路之间的一个已知阻值的外接电阻。用交流电压表分别测出 $\dot{U}_s$ 和 $\dot{U}_i$，则输入电阻为

$$R_{\mathrm{i}} = \frac{\dot{U}_{\mathrm{i}}}{\dot{I}_{\mathrm{i}}} = \frac{\dot{U}_{\mathrm{i}}}{\dfrac{\dot{U}_{\mathrm{s}} - \dot{U}_{\mathrm{i}}}{R}} = \frac{\dot{U}_{\mathrm{i}}}{\dot{U}_{\mathrm{s}} - \dot{U}_{\mathrm{i}}} R$$

电阻 $R$ 的值不宜取得过大或过小，以免产生较大的测量误差，通常取 $R$ 与 $R_{\mathrm{i}}$ 同一数量级。本实验可取 $R \approx (1 \sim 2)\,\mathrm{k\Omega}$。

3）输出电阻 $R_{\mathrm{o}}$ 的测量。输出电阻是表明放大电路带负载的能力，$R_{\mathrm{o}}$ 越大，表明放大电路带负载的能力越差，反之则越强。输出电阻 $R_{\mathrm{o}}$ 是将信号源短路，负载 $R_{\mathrm{L}}$ 开路时从输出端向放大器看进去的等效电阻。可以采用替换法测量 $R_{\mathrm{o}}$。如图 3-4 所示，分别测出不带负载 $R_{\mathrm{L}}$ 时的输出电压 $\dot{U}_{\mathrm{o}}'$ 和带负载时的输出电压 $\dot{U}_{\mathrm{o}}$，即可间接地推算出 $R_{\mathrm{o}}$ 的大小。根据

$$\dot{U}_{\mathrm{o}} = \frac{R_{\mathrm{L}}}{R_{\mathrm{o}} + R_{\mathrm{L}}} \dot{U}_{\mathrm{o}}'$$

可求出

$$R_{\mathrm{o}} = \left( \frac{\dot{U}_{\mathrm{o}}'}{\dot{U}_{\mathrm{o}}} - 1 \right) R_{\mathrm{L}}$$

测量时应注意两次测量时的输入电压信号大小应保持不变，且大小适当，以保证输出波形不失真。通常取 $R_{\mathrm{L}}$ 与 $R_{\mathrm{o}}$ 同一数量级。

注意：放大倍数、输入电阻、输出电阻通常都是在正弦信号下的交流参数，只有在放大电路处于放大状态且输出不失真的条件下才有意义。

对于图 3-2 所示射极偏置电路，电压放大倍数

$$\dot{A}_U = -\beta \frac{R_{\mathrm{c}} /\!/ R_{\mathrm{L}}}{r_{\mathrm{be}}}$$

输入电阻

$$R_{\mathrm{i}} = R_{\mathrm{b1}} /\!/ R_{\mathrm{b2}} /\!/ r_{\mathrm{be}}$$

输出电阻

$$R_{\mathrm{o}} \approx R_{\mathrm{c}}$$

（4）放大器幅频特性的测量

放大器的幅频特性是指在输入正弦信号幅值不变的情况下，输出随频率连续变化的稳态响应，即不同频率信号时的电压放大倍数。晶体管内部的极间电容和电路中的耦合旁路电容是影响放大器频率特性的主要因素。单管阻容耦合放大电路的幅频特性曲线如图 3-5 所示。$A_{\mathrm{um}}$ 为中频电压放大倍数，通常规定电压放大倍数随频率变化下降到中频放大倍数的 0.707 倍时所对应的频率分别为下限频率 $f_{\mathrm{L}}$ 和上限频率 $f_{\mathrm{H}}$。$f_{\mathrm{L}}$ 与 $f_{\mathrm{H}}$ 之间的频带称为通频带（$BW$）。

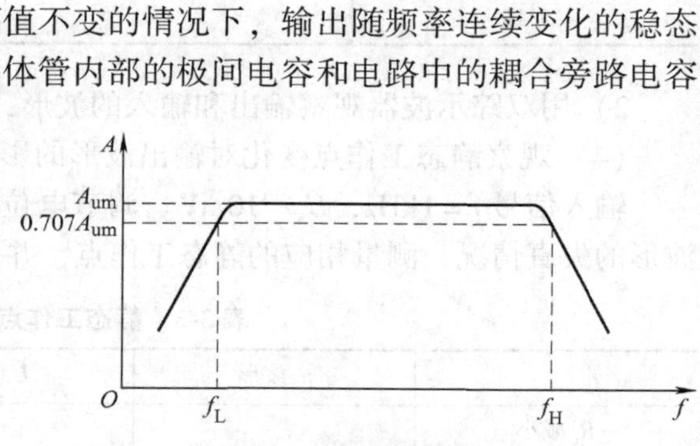

图 3-5　幅频特性曲线

$$BW = f_{\mathrm{H}} - f_{\mathrm{L}}$$

测量放大器的频率特性时，可维持输入信号的幅度不变，改变其频率。首先测出放大

在中频时的输出电压 $U_{om}$，然后分别上调和下调频率，直到输出电压降到 $0.707U_{om}$ 为止，此时所对应的两个频率分别是上限频率 $f_H$ 和下限频率 $f_L$。

**4. 实验内容**

（1）实验参考电路

实验参考电路和参数如图 3-2a 所示，晶体管采用 9013 型号，$\beta \approx 100 \sim 200$，引脚如图 3-2b 所示。

按图 3-2 电路接线，检查无误后接通电源电压 $U_{CC}$。

（2）静态工作点的测量与调整

将信号发生器提供 $f = 1kHz$，$U_s \approx 10mV$（有效值）的正弦输入信号接到放大电路的输入端，放大电路的输出端接示波器。调节电位器 $R_P$，使示波器上显示的输出电压波形最大且不失真，然后关闭信号发生器，使输入信号 $U_i = 0$。用数字万用表的直流电压档测量晶体管各电极的对地电压，完成表 3-3。

表 3-3　静态工作点的测量

| $U_B/V$ | $U_E/V$ | $U_C/V$ | $I_c \approx U_E/R_e$ |
|---|---|---|---|
|  |  |  |  |

如果 $U_{CE} = U_C - U_E < 0.5V$，则说明晶体管工作在饱和状态；如果 $U_{CE} \approx U_{CC}$，则说明晶体管已工作在截止状态。

（3）电压放大倍数的测量

1）保持静态工作点不变。由信号发生器提供 $f = 1kHz$，$U_s \approx 10mV$（有效值）的正弦输入信号，同时用示波器观测输出电压波形，保证其不失真。分别测量负载开路和接负载两种情况下的 $U_o$ 值，并完成表 3-4。

注意：当不能得到满意的不失真输出波形时，可适当调节输入信号幅度，并记录在表 3-4 中。

表 3-4　电压放大倍数的测量

| $R_L/\Omega$ | $U_s/V$ | $U_o/V$ | $A_u$ |
|---|---|---|---|
| $\infty$ |  |  |  |
| 5.1k |  |  |  |

2）用双踪示波器观察输出和输入的波形，比较它们之间相位、幅度的关系。

（4）观察静态工作点变化对输出波形的影响

输入信号 $f = 1kHz$，$U_s \approx 10mV$。调节电位器，逐渐减小或增大 $R_P$，用示波器观察输出波形的失真情况，测量相应的静态工作点，并完成表 3-5。

表 3-5　静态工作点对输出波形的影响

|  | $u_o$ 波形 | $U_{CE}/V$ | $I_c \approx U_E/R_e$ | 晶体管工作状态 |
|---|---|---|---|---|
| $R_P$ 减小 |  |  |  |  |
| $R_P$ 增大 |  |  |  |  |

（5）放大电路幅频特性的测量

保持输入信号的幅度不变，根据表 3-4 数据，计算出 $U = 0.707U_o$ 值的大小。增大和减小信号源频率 $f$，观察输出电压的变化。当输出电压下降到 $U = 0.707U_o$ 时，所对应的频率分别是上限频率 $f_H$ 和下限频率 $f_L$。记录数据于表 3-6 中。

**表 3-6　幅频特性的测量**

| 测　试　值 | $f_H$ | $f_L$ |
|---|---|---|
| $f$/kHz | | |
| $U$/V | | |

（6）设计测量输入电阻和输出电阻的方法并自拟记录表格

参照实验原理中介绍的输入电阻和输出电阻的测量方法，设计测量电路并连接。输入信号 $f = 1\text{kHz}$，$U_s \approx 10\text{mV}$，在输出电压不失真的情况下，测量输入电阻和输出电阻。

**5. 实验报告要求**

1）画出实验电路与有关仪器的连接图。

2）记录整理实验数据，与理论估算值和仿真值进行比较，分析产生差异的原因。

3）讨论静态工作点变化对放大器输出波形的影响。

**6. 思考题**

1）实验电路中，上偏置电阻 $R_{b1}$ 起什么作用？是否可以只接 $R_p$，不接 $R_1$？为什么？

2）为什么通过测量电压间接得到静态工作电流 $I_c$，而不直接测出？

3）不用示波器观察波形，仅用数字万用表测量放大器输出电压是否正确，为什么？

# 3.3　实验 3　负反馈放大电路

**1. 实验目的**

1）深入理解负反馈对放大电路性能的影响。

2）掌握在放大电路中引入负反馈的方法。

3）巩固放大电路主要性能指标的测量方法。

**2. 预习要求**

1）复习负反馈放大器的工作原理，了解负反馈对放大器性能的影响。

2）复习放大电路静态工作点的调整。

3）复习测量放大器通频带和输出电阻的方法。

4）估算出开环和闭环的电压增益。

5）对图 3-11 所示电压串联负反馈电路按照实验内容进行 Multisim 仿真。改变反馈电阻 $R_f$ 的大小，观察反馈深度对电路输出波形的影响。

**3. 实验原理**

（1）负反馈的类型

反馈就是把放大器输出量（电压或电流）的一部分或全部送回到放大电路的输入回路，与原输入信号相加或相减后再作用到放大电路的输入端。负反馈放大器由基本放大器和负反馈网络组成，其简化组成框图如图 3-6 所示。放大电路的输出信号 $\dot{X}_o$ 通过反馈网络获得反馈信号 $\dot{X}_f$，$\dot{X}_f$ 反馈到输入端，它与输入信号 $\dot{X}_i$ 进行减运算，得到净输入信号 $\dot{X}_{id}$，作用到基本放大电路的输入端，放大后产生输出信号 $\dot{X}_o$。

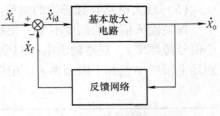

图 3-6　负反馈电路组成框图

根据负反馈网络与基本放大电路的连接方式，负反馈放大电路有 4 种类型。在输出端，基本放大电路和反馈网络有并联和串联两种连接方式，取样方式分为电压取样（电压反馈）和电流取样（电流反馈）。在输入端，基本放大电路和反馈网络也有串联和并联两种连接方式，比较方式分为串联比较（串联反馈）和并联比较（并联反馈）。综合起来，负反馈放大电路有电压串联负反馈、电压并联负反馈、电流串联负反馈和电流并联负反馈 4 种类型（组态）。图 3-7a ~ d 是负反馈放大电路 4 种类型的方框图。

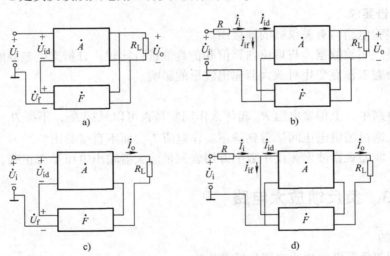

图 3-7　负反馈放大电路反馈类型
a）电压串联　b）电压并联　c）电流串联　d）电流并联

（2）负反馈对放大电路性能的影响

不同类型的反馈对放大器的性能有着不同的影响。放大电路引入负反馈后，电路的增益有所下降，但可以提高增益的稳定性，扩展通频带，改变输入电阻和输出电阻等。

1）负反馈使电路增益下降。引入负反馈后，放大器的闭环增益为

$$\dot{A}_f = \frac{\dot{A}}{1 + \dot{A}\dot{F}}$$

式中 $\dot{A}_f$ 为闭环增益，$\dot{A}$ 为开环增益，$\dot{F} = \dfrac{\dot{X}_f}{\dot{X}_o}$ 为反馈系数。$|1 + \dot{A}\dot{F}|$ 称为反馈深度，是衡量反馈强弱的重要物理量。可见引入负反馈后放大器的增益会降低，反馈越深，增益下降得越多。

2）负反馈可提高增益的稳定性。引入负反馈前后，放大电路闭环增益的相对变化率为

$$\frac{dA_f}{A_f} = \frac{1}{1+AF} \frac{dA}{A}$$

可见，引入负反馈后增益的相对变化率降低了，即增益的稳定性提高了。反馈越深，闭环增益的稳定性越好。

如果电路满足深度负反馈条件（$|1+\dot{A}\dot{F}| >> 1$），则有

$$\dot{A}_f \approx \frac{1}{\dot{F}}$$

该式表明，在深度负反馈条件下，闭环增益的大小只取决于反馈网络，与基本放大电路无关。一般反馈网络是由稳定性较高的无源元件（如阻容元件）组成，因此深度负反馈下的放大电路闭环增益是十分稳定的。

3）负反馈可扩展通频带。负反馈对通频带的影响如图 3-8 所示。对于中频段，由于开环增益较大，则反馈到输入端的反馈信号也较大，所以闭环增益下降得也多。对于高、低频段，由于开环增益较小，则反馈到输入端的反馈信号也较小，所以闭环增益下降得也小。因此，负反馈使放大电路增益整体下降，但中频段下降得多，高、低频段下降较少，相当于通频带变宽了。图中 $A_m$、$f_L$、$f_H$、$BW$ 和 $A_{mf}$、$f_{Lf}$、$f_{Hf}$、$BW_f$ 分别为基本放大电路、负反馈放大电路的中频放大倍数、下限频率、上限频率和通频带宽度。

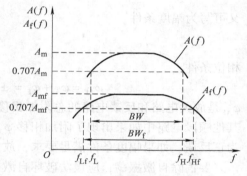

图 3-8　负反馈对通频带的影响

对于只考虑一个极点的基本放大电路高、低频响应特性，闭环和开环上限频率与下限频率的关系为

$$f_{Hf} = (1+AF)f_H$$

$$f_{Lf} = \frac{f_L}{1+AF}$$

4）负反馈对输入电阻和输出电阻的影响。负反馈对输入电阻的影响取决于输入比较方式。串联负反馈增大输入电阻，并联负反馈减小输入电阻。

负反馈对输出电阻的影响取决于输出取样方式。电压负反馈减小输出电阻，电流负反馈增大输出电阻。

电阻增加或减小的程度取决于反馈深度 $|1+\dot{A}\dot{F}|$。反馈深度越大，影响就越大。

（3）负反馈放大电路的自激

负反馈可以改善放大电路的性能指标，但是负反馈引入不当，会引起放大电路自激，即在无外加输入信号的情况下，在输出端产生一定幅度和频率的输出信号。在这种情况下，如果有信号输入，则自激振荡波形会叠加在输出波形上。图 3-9 为一种高频自激振荡现象。电路自激破坏了对输入信号的正常放大作用，因此必须消除自激。

根据反馈的基本方程可知，当 $|1+\dot{A}\dot{F}|=0$ 时，相当于放大倍数无穷大，也就是不需要

输入，放大电路就有输出，放大电路产生了自激。将 $|1 + \dot{A}\dot{F}| = 0$ 改写为

$$\dot{A}\dot{F} = -1$$

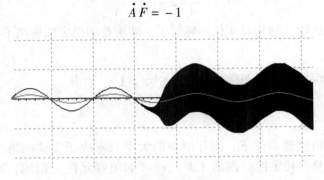

图 3-9　自激振荡波形

又可写为幅度条件

$$|\dot{A}\dot{F}| = 1$$

相位条件

$$\varphi_{AF} = \varphi_A + \varphi_F = \pm(2n+1)\pi \qquad n = 0,1,2,3,\cdots$$

$\varphi_{AF}$ 是放大电路和反馈电路的总附加相移，如果在中频条件下，放大电路有 180° 的相移，在其他频段电路中如果出现了附加相移 $\varphi_{AF}$，且 $\varphi_{AF}$ 达到 180°，使总的相移为 360°，负反馈变为正反馈。如果幅度条件满足要求，放大电路将产生自激。

要消除自激振荡，应设法破坏自激振荡的幅度条件和相位条件。通常的办法是在反馈环路中增加一些含有电抗元件（如 $RC$）的电路，修改 $\dot{A}\dot{F}$ 的频率特性，使电路在较深的反馈下仍不满足自激振荡的条件，称为相位补偿或频率补偿。图 3-10 是 3 种常用的补偿方法，包括电容补偿、$RC$ 串联补偿和密勒效应补偿等。

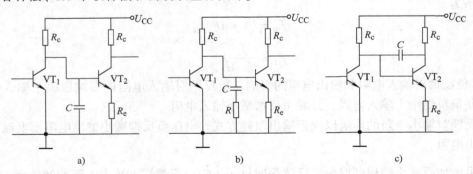

图 3-10　3 种常用的补偿方法
a）电容补偿　b）$RC$ 串联补偿　c）密勒效应补偿

### 4. 实验内容

本实验以电压串联负反馈为例，研究负反馈对放大电路性能的影响。

（1）实验参考电路

电压串联负反馈实验参考电路如图 3-11 所示。

按图 3-11 所示电路接线，检查无误后接
通电源电压 $U_{CC}$。

（2）负反馈放大电路工作状态调整

由信号发生器提供 $f = 1\text{kHz}$，$U_i \approx 10\text{mV}$
的正弦输入信号，用示波器观察输出波形。首
先确定电路是否出现自激振荡，如有自激振
荡，可参考图 3-10 进行相位补偿。如采用密
勒效应补偿，可取 $C$ 为 200pF 左右。调节前级
放大器偏置电阻 $R_p$，使输出波形不失真。

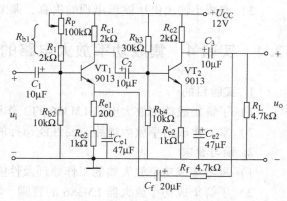

图 3-11　电压串联负反馈实验参考电路

（3）负反馈放大电路性能指标的测量

1）测量开环参数

断开级间负反馈，在输入端加入 $f = 1\text{kHz}$，$U_i \approx 10\text{mV}$ 的正弦输入信号，记录于表 3-7。

（a）在负载开路情况下，测量输出电压 $\dot{U}_o'$，计算增益 $A_u$。

（b）在 $R_L = 4.7\text{k}\Omega$ 情况下，测量输出电压 $\dot{U}_o$，利用公式 $R_o = \left(\dfrac{\dot{U}_o'}{\dot{U}_o} - 1\right)R_L$ 计算出开环
输出电阻。

（c）将电源由 $U_{CC} = 12\text{V}$ 降到 $U_{CC} = 9\text{V}$，测量输出电压 $\dot{U}_o''$（$R_L = 4.7\ \text{k}\Omega$），计算出相对
变化量 $\varepsilon\left(\varepsilon = \dfrac{U_o - U_o''}{U_o} \times 100\%\right)$。

（d）恢复电源 $U_{CC} = 12\text{V}$，测量通频带（参照实验 2 中放大电路幅频特性的测量）。

2）测量闭环参数

接入负反馈支路，构成电压串联负反馈电路，如图 3-11。在输入端加入 $f = 1\text{kHz}$，$U_i \approx$
10mV 的正弦输入信号，重复 1）中ⓐ～ⓓ步骤，完成表 3-7。

表 3-7　放大电路性能指标的测量

| 无负反馈 | $U_o'$ | $U_o$ | $U_o''$ | $f_H$ | $R_o$ | $\varepsilon$ |
|---|---|---|---|---|---|---|
| 有负反馈 | $U_{of}'$ | $U_{of}$ | $U_{of}''$ | $f_{Hf}$ | $R_{of}$ | $\varepsilon$ |

**5. 设计负反馈放大电路的电压增益**

保持图 3-11 所示电路的静态工作点不变，改变负反馈放大电路中反馈元件的取值，使
负反馈放大电路的电压放大倍数约为 40。

**6. 实验报告要求**

1）整理实验数据，将测量值与理论估算值、仿真值进行比较，分析产生差异的原因。

2）通过实验结果，分析负反馈对电路各项性能指标的影响。

**7. 思考题**

1）实验中如何判断电路是否出现自激振荡？怎样消除自激振荡？

2）要减小输出电压波形出现的失真，调节电路中哪个参数比较有效？

## 3.4 实验4 集成功率放大电路的应用

**1. 实验目的**

1）了解集成功率放大电路 LM386 的工作原理及其应用。

2）掌握集成功率放大电路主要性能指标的测试方法。

**2. 预习要求**

1）复习集成功率放大器的工作原理及性能指标的计算。

2）了解集成功率放大器 LM386 的管脚、功能和应用电路。

**3. 实验原理**

（1）LM386 集成功率放大器

功率放大电路是一种以输出较大功率为目的的放大电路。集成功率放大器由集成功放芯片和外接阻容元件构成。集成功率放大器内部电路一般为 OTL 或 OCL 电路。集成功放除了具有分立元件 OTL 或 OCL 电路的优点外，还具有体积小、工作稳定可靠、调试简单、效率高、使用方便等优点，在音频领域获得了广泛应用。集成功放的种类很多，本实验采用集成功率放大器 LM386。LM386 是一种低电压通用型低频集成功放。LM386 的电源电压为 4 ~ 12V 或 5 ~ 18V，电压增益为 20 ~ 200。

LM386 内部电路图和引脚排列如图 3-12a、b 所示。

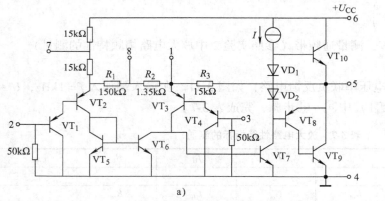

图 3-12 LM386 内部电路图和引脚排列

a）电路图 b）引脚排列

LM386 内部由 3 级电路组成。$VT_1$ ~ $VT_6$ 组成差动放大器作为输入级，其中 $VT_5$、$VT_6$ 构成电流源作为差动放大器的有源负载；中间级是由 $VT_7$ 构成的共射放大器，恒流源 $I$ 作为负载以提高电压增益；$VT_8$ ~ $VT_{10}$ 和 $VD_1$、$VD_2$ 组成甲乙类互补推挽功放输出级。集成功率放大器 LM386 的典型应用电路如图 3-13 所示。

电路中，1、8 脚为增益设定端，改变 1、8 脚间元件参数可改变电路增益。当 1、8 脚开路时，电路中的负反馈最深，电压放大倍数 $A_{uf}$ 最小，$A_{uf} = 20$；当 1、8

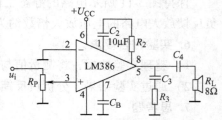

图 3-13 LM386 典型应用电路

脚间接入 $10\mu F$ 电容时，负反馈最弱，电压放大倍数最大，$A_{uf} = 200$（46dB）；当 1、8 脚间接入电阻 $R_2$ 和 $10\mu F$ 电容串联支路时，如图 3-13 所示，调整 $R_2$ 可使电压放大倍数 $A_{uf}$ 在 $20 \sim 200$ 间连续可调，且 $R_2$ 越大，放大倍数越小。当 $R_2 = 1.2k\Omega$ 时，$A_{uf} = 50$。

5 脚接入由 $R_3$、$C_3$ 构成的串联补偿网络与呈感性的负载（扬声器）并联，使等效负载近似呈纯阻性，以防止信号突变时扬声器上出现较高的瞬时高压而遭到损坏。

7 脚接旁路电容 $C_B$，用以提高纹波抑制能力，消除自激。

集成功率放大器 LM386 的极限参数和电气参数分别见表 3-8 和表 3-9。

**表 3-8　LM386 极限参数**

| 参　数 | 额　定　值 |
|---|---|
| 电源电压 $U_{CC}$/V | |
| LM386N-1，-3 | 15 |
| LM386N-4 | 22 |
| 功耗 $P_T$/W　LM386N | 1.25 |
| 输入电压 $U_i$/V | $\pm 0.4$ |
| 工作温度 $T_{opr}$/℃ | $0 \sim +70$ |
| 储存温度 $T_{stg}$/℃ | $-65 \sim +150$ |
| 结温 $T_j$/℃ | 150 |
| 焊接温度（10 秒）/℃ | 300 |

**表 3-9　LM386 电气参数**

| 参　数 | 测试条件 | 最　小　值 | 典　型　值 | 最　大　值 |
|---|---|---|---|---|
| 电源电压 $U_{CC}$/V | | | | |
| LM386N-1，-3 | | 4 | | 12 |
| LM386N-4 | | 5 | | 18 |
| 静态电流 $I_Q$/mA | $U_{CC} = 6V$，$U_i = 0$ | | 4 | 8 |
| 输出功率 $P_o$/mW | | | | |
| LM386N-1 | $U_{CC} = 6V$，$R_1 = 8\Omega$，$THD = 10\%$ | 250 | 325 | |
| LM386N-3 | $U_{CC} = 9V$，$R_1 = 8\Omega$，$THD = 10\%$ | 500 | 700 | |
| LM386N-4 | $U_{CC} = 16V$，$R_1 = 32\Omega$，$THD = 10\%$ | 700 | 1000 | |
| 电压增益 $A_u$/dB | $U_{CC} = 6V$，$f = 1kHz$ | | 26 | |
| | 1 和 8 脚间接 $10\mu F$ 电容 | | 46 | |
| 带宽 $BW$/kHz | $U_{CC} = 6V$，1、8 脚开路 | | 300 | |
| 谐波失真 $THD$/（%） | $U_{CC} = 6V$，$R_1 = 8\Omega$，$P_o = 125mW$ | | 0.2 | |
| | $f = 1kHz$，1、8 脚开路 | | | |
| 电源抑制比 $PSRR$/dB | $U_{CC} = 6V$，$f = 1kHz$，$C_B = 10\mu F$ | | 50 | |
| | 1、8 脚开路 | | | |
| 输入电阻 $R_{IN}$/k$\Omega$ | | | 50 | |
| 输入偏流 $I_B$/nA | $U_{CC} = 6V$，2、3 脚开路 | | 250 | |

（2）功率放大器主要性能指标

双电源互补对称电路主要性能指标如下。对于单电源互补对称电路，须将各公式中的

$U_{CC}$ 用 $U_{CC}/2$ 代替。

1）输出功率 $P_o$。输出功率 $P_o$：输出电压有效值 $U_o$ 和输出电流有效值 $I_o$ 的乘积。

$$P_o = U_o I_o = \frac{U_{om}}{\sqrt{2}} \frac{U_{om}}{\sqrt{2}R_L} = \frac{U_{om}^2}{2R_L}$$

式中，$U_{om}$ 为输出电压峰值。

最大输出功率 $P_{omax}$：忽略晶体管的饱和压降，负载上可能获得的最大功率。即 $U_i$ 足够大，$U_{om} = U_{CC} - U_{CES} \approx U_{CC}$，有

$$P_{omax} = \frac{(U_{CC} - U_{CES})^2}{2R_L} \approx \frac{U_{CC}^2}{2R_L}$$

2）效率 $\eta$。功率放大电路的效率 $\eta$：输出功率 $P_o$ 与直流电源供给功率 $P_u$ 的比值。一般情况下

$$\eta = \frac{P_o}{P_u} = \frac{\pi}{4} \frac{U_{om}}{U_{CC}}$$

最大效率

$$\eta_{max} = \frac{P_{omax}}{P_u}$$

直流电源供给功率 $P_u$ 可由下式确定，其中 $i_{co} = I_{om}\sin\omega t = \frac{U_{om}}{R_L}\sin\omega t$。

$$P_u = U_{CC}I_{co} = \frac{1}{\pi}\int_0^\pi U_{CC}i_{co}d\omega t = \frac{2}{\pi}\frac{U_{CC}U_{om}}{R_L}$$

式中 $I_{co}$ 是直流电源提供的平均电流。

**4. 实验内容**

按图 3-13 安装实验电路。电路中电源电压 $U_{CC} = 9V$，$R_p = 10k\Omega$，$R_3 = 10\Omega$，$C_B = 10\mu F$，$C_3 = 0.05\mu F$，$C_4 = 250\mu F$，负载 $R_L$ 连接内阻为 $8\Omega$ 的喇叭。

（1）静态测试

1）检查电路接线无误后接通 9V 直流电源。调节电位器 $R_p$ 使输入端对地短路，用示波器观察输出有无自激振荡现象，如有自激则改变 $C_3$ 或 $R_3$ 的数值以消除自激振荡。

2）测量并记录 LM386 各引脚的直流电压值。正常情况下输出脚直流电压约为 $U_{CC}/2$。

（2）测量最大输出功率和效率

低频功率的测量一般采用间接测量方法，即先测出负载电阻 $R_L$ 上的电压（或电流）信号，然后根据公式求得输出最大不失真功率和效率。

1）断开 1、8 脚连接元件，实验中，输入端接入 1kHz 的正弦信号 $U_i$，用示波器观察输出电压 $U_o$ 的波形，逐渐加大输入信号 $U_i$ 的幅度，使输出电压 $U_o$ 达到最大且不失真状态。用毫伏表测出该电压幅值 $U_o$（有效值），将测量和计算结果填入表 3-10。

表 3-10 测量最大输出功率和效率

| 实验序号 | 输入电压 $U_i$/V | 输出电压 $U_o$/V | 输出功率 $P_{om}$ | 电源供给功率 $P_u$ | 效率 $\eta$ |
|---|---|---|---|---|---|
| 1 |  |  |  |  |  |
| 2 |  |  |  |  |  |

（续）

| 实验序号 | 输入电压 $U_i$/V | 输出电压 $U_o$/V | 输出功率 $P_{om}$ | 电源供给功率 $P_u$ | 效率 $\eta$ |
|---|---|---|---|---|---|
| 3 | | | | | |
| 4 | | | | | |

2）1、8 脚间接入 $R_2 = 1.2\text{k}\Omega$、$C_2 = 10\mu\text{F}$，重复 1 的测试内容。测量和计算结果填入表 3-10。

3）1、8 脚间只接入 $C_2 = 10\mu\text{F}$ 电容，重复 1 的测试内容。测量和计算结果填入表 3-10。

4）电源电压改变为 5V，重复上述测试内容。测量和计算结果填入表 3-10。

（3）频率特性的测试

电路 1、8 脚间接入 $R_2 = 1.2\text{k}\Omega$、$C_2 = 10\mu\text{F}$，电源电压 $U_{CC} = 9\text{V}$。计算出信号频率 $f = 1\text{kHz}$ 时的电压放大倍数 $A_{uo}$。保持 $u_i$ 不变，改变输入信号频率，测量 $A_u = 0.707A_{uo}$ 时对应的上限频率 $f_H$ 和下限频率 $f_L$。

（4）利用 LM386 实现有线对讲机电路

图 3-14 为一个最小组件的有线对讲机电路。该电路只能进行"半双工"对讲，即主机和分机之间只能一方说，另一方听，而不能同时说或听。双刀双掷开关 $S_B$ 用于转换扬声器 $Y_A$、$Y_B$ 分别为听或说的工作状态。

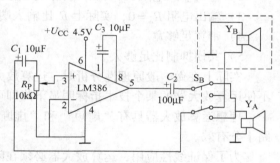

图 3-14　有线对讲机电路

分析并连接电路，在输入端加入一音频信号，即可在扬声器中发出音响。调节电位器 $R_P$，输出音量会随之变化。双刀双掷开关 $S_B$ 切换扬声器 $Y_A$、$Y_B$ 先后为听、讲的工作状态，检验电路的放大效果。

**5. 实验报告要求**

1）整理实验数据，将测量值与理论值进行比较，分析误差产生原因。

2）近似画出幅频特性曲线，标出上、下限频率和增益。

3）说明实验中出现的问题及解决办法。

**6. 思考题**

1）LM386 集成功率放大器外接元件的作用是什么？

2）输出耦合电容的容量增大或减小对频率特性有什么影响？

3）能否通过改变电路中的反馈量来改变输出功率？

## 3.5　实验 5　基本运算电路设计

**1. 实验目的**

1）掌握集成运算放大器的正确使用方法。

2）掌握由运算放大器组成的比例、加法、减法和积分等基本运算电路的功能。

3）掌握在运放电路中引入负反馈的方法。

**2. 预习要求**

1）复习由集成运算放大器组成的比例、加法、减法和积分等基本运算电路的工作原理。

2）按照实验内容设计电路和电路参数，写出运算电路的输入、输出电压关系式。

3）计算出实验内容中相关参数的理论计算值，以便与实验测量值进行比较。自拟实验数据记录表格。

4）对所设计电路进行 Multisim 仿真，验证其功能。

**3. 实验原理**

集成运算放大器是具有高增益、高输入电阻和低输出电阻的直接耦合多级放大器。对其外加反馈网络，可以实现各种不同的电路功能。加、减、微分、积分等运算电路是运算放大器的线性应用。在这些应用中，须确保集成运放工作在线性放大区，分析时可将其视为理想运放。满足下列参数指标的运算放大器可以视为理想运算放大器。

1）差模电压放大倍数 $A_{ud} = \infty$，实际上 $A_{ud} \geqslant 80dB$ 即可。

2）差模输入电阻 $R_{id} = \infty$，实际上 $R_{id}$ 比输入端外电路的电阻大 2~3 个量级即可。

3）输出电阻 $R_o = 0$，实际上 $R_o$ 比输入端外电路的电阻小 2~3 个量级即可。

4）带宽足够宽。

5）共模抑制比足够大。

实际上在做一般原理性分析时，运算放大器都可以视为理想运放，只要实际的运用条件不使运算放大器的某个技术指标明显下降即可。

理想运算放大器具有"虚短"和"虚断"的特性，这两个特性对于分析其线性应用电路十分有效。

为了保证线性应用，运算放大器必须在闭环下工作。运放的电压放大倍数很大，一般通用型运算放大器的开环电压放大倍数都在 80dB 以上，而运放的输出电压是有限的，一般为 10~14V，因此，运放的差模输入电压不足 1mV，两输入端近似等电位，相当于"短路"。开环电压放大倍数越大，两输入端的电位越接近相等。这一特性称为虚假短路，简称"虚短"。显然不能将两输入端真正短路。

运放的差模输入电阻很大，一般通用型运算放大器的输入电阻都在 1MΩ 以上，因此，流入运放输入端的电流往往不足 1μA，远小于输入端外电路的电流。故通常可把运放的两输入端视为开路，且输入电阻越大，两输入端越接近开路。这一特性称为虚假开路，简称"虚断"。显然不能将两输入端真正断路。

综上，理想运放在线性应用时具有以下重要特性：

1）理想运放的同相输入端和反相输入端（两个输入端）电流近似为零。

2）理想运放的两个输入端电压近似相等。

集成运放的线性应用很多，本实验仅对几种最基本电路进行研究。

（1）反相输入

1）反相比例运算。电路如图 3-15 所示，输入信号由反相端引入，输出电压与输入电压成反相比例关系：

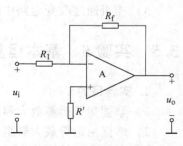

图 3-15　反相比例运算电路

$$u_o = -\frac{R_f}{R_1}u_i$$

运放的闭环电压增益 $A_{uf} = -\dfrac{R_f}{R_1}$。当 $R_f = R_1$ 时，$u_o = -u_i$，电路实现反相跟随功能，称为反相器。

电路参数的选择：

（a）根据 $|A_{uf}|$ 的要求，确定 $R_f$ 和 $R_1$ 的比值。

（b）$R_f$ 与 $R_1$ 不要过大，否则会引起较大的失调温漂。若对放大器输入阻抗有要求，则由输入阻抗确定 $R_1$，然后再确定 $R_f$。$R_f$ 一般取几十千欧至几百千欧。

（c）为了减小输入偏置电流引起的运算误差，在同相输入端应接入平衡电阻 $R'$，取 $R' = R_1 // R_f$。

2）反相求和运算。电路如图 3-16 所示，由于理想运放的虚短特性，两个输入电压 $u_{i1}$ 和 $u_{i2}$ 均可彼此独立地通过各自的输入回路电阻转换为电流，精确地实现代数相加运算。其输出电压与输入电压关系为

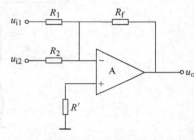

图 3-16　反相求和运算电路

$$u_o = -\left(\frac{R_f}{R_1}u_{i1} + \frac{R_f}{R_2}u_{i2}\right)$$

$$R' = R_1 // R_2 // R_f$$

当 $R_1 = R_2 = R$ 时

$$u_o = -\frac{R_f}{R}(u_{i1} + u_{i2})$$

（2）同相输入和差动输入

1）同相比例运算。电路如图 3-17 所示，利用理想运放的虚短概念，得到输出电压与输入电压关系为

$$u_o = \left(1 + \frac{R_f}{R_1}\right)u_i$$

$$R = R_1 // R_f$$

放大电路的闭环增益为 $1 + \dfrac{R_f}{R_1}$。当 $R_f = 0$ 或 $R_1 = \infty$ 时，$u_o = u_i$，电路实现电压跟随器功能。图 3-18 所示为电压跟随器。电压跟随器输入阻抗高，输出阻抗低，常用作输入级、输出级或缓冲级。

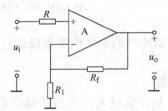

图 3-17　同相比例放大器电路

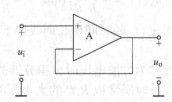

图 3-18　电压跟随器

2）减法运算。电路如图 3-19 所示，输入电压 $u_{i1}$ 和 $u_{i2}$ 分别加在反相输入端和同相输入

端。若取 $R_2 = R_1 = R$，$R_3 = R_f$，理想条件下，输出电压与输入电压关系为

$$u_o = \frac{R_f}{R}(u_{i2} - u_{i1})$$

该电路也称为差动式放大电路，输出电压 $u_o$ 与两输入电压之差（$u_{i2} - u_{i1}$）成比例。

利用反相比例器和加法器也可以实现减法运算，如图 3-20 所示。理想条件下，输出电压与输入电压关系为

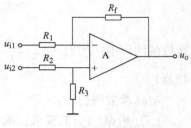

图 3-19　减法运算器电路

$$u_o = \frac{R_{f2}R_{f1}}{R_2 R_1}u_{i1} - \frac{R_{f2}}{R_3}u_{i2}$$

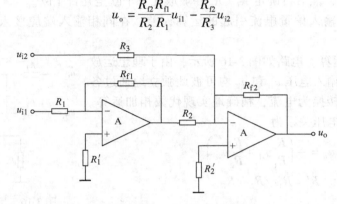

图 3-20　双运放减法运算电路

与差动式运放实现的减法运算电路相比，图 3-20 所示的双运放减法运算电路可降低对运放的共模抑制比的要求，而且电路的电阻值计算简单且易于调整。

（3）积分器

同相输入和反相输入均可构成积分运算电路，在此以反相积分电路为例。电路如图 3-21 所示，不接反馈电阻 $R_f$ 时电路为基本积分器，在运放理想且电容两端初始电压为 0V 的条件下，基本积分器输出电压与输入电压关系为

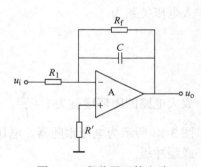

$$u_o(t) = -\frac{1}{R_1 C}\int_0^t u_i(t)\,dt$$

当 $u_i(t)$ 是幅值为 $U_1$ 的阶跃电压时，有

$$u_o(t) = -\frac{1}{R_1 C}\int_0^t U_1\,dt = -\frac{1}{R_1 C}U_1 t$$

图 3-21　积分器运算电路

此时输出电压 $u_o(t)$ 随时间增长而线性下降。$u_o(t)$ 所能达到的最大值受集成运放电源电压的限制。

当输入信号为方波电压时，积分器的输出为三角波。

显然，积分时间常数 $R_1 C$ 的大小影响输出波形。$R_1 C$ 值过大，三角波幅值会过低；$R_1 C$ 值过小，运放会偏向正饱和或负饱和，而使输出波形出现平台，产生失真。当输入为方波时，输出并不是完整的三角波。在实际电路中，积分电容两端可并联反馈电阻 $R_f$，起到直流负反馈作用，能够有效改善输出波形出现失真的情况。但 $R_f$ 的接入，将对电容 $C$ 产生分

流,从而导致积分误差。为了克服该误差,一般应满足 $R_f C >> R_1 C$,通常取 $R_f > 10R_1$、$C < 1\mu F$。

(4)通用型集成运算放大器

集成运算放大器类型很多,按特性分类有通用型、高速型、宽带型、高精度型、高输入阻抗型、低功耗型和功率型。通用型运算放大器的技术指标比较适中,价格低廉。μA741(单运放)、LM324(四运放)、OP07(低噪声高精度运放)以及 LF356(场效应管为输入级)等是常用的通用型集成运算放大器。

μA741 的引脚排列如图 3-22 所示。μA741 具有调零引脚,图 3-23 为调零电路。1、5 脚之间接调零电位器 $R_P$,中间滑动触头接一负电源,用于闭环调零,保证静态时输出为零。μA741 最大电源电压为 ±18V。

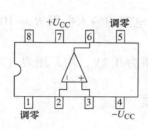

图 3-22　μA741 引脚排列

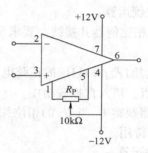

图 3-23　μA741 调零电路

LM324 是四运放集成电路,它采用 14 脚双列直插塑料封装,引脚排列如图 3-24a 所示。它的内部包含 4 组形式完全相同的运算放大器,除电源共用外,4 组运放相互独立。每一组运算放大器可用图 3-24b 所示的符号来表示,它有 5 个引出脚,其中 " + "、" − " 为两个信号输入端,"$U_+$"、"$U_-$" 为正、负电源端,"$U_o$" 为输出端。两个信号输入端中,$U_{i-}$ 为反相输入端,表示运放输出端 $U_o$ 的信号与该输入端的相位相反;$U_{i+}$ 为同相输入端,表示运放输出端 $U_o$ 的信号与该输入端的相位相同。由于 LM324 四运放电路具有电源电压范围宽、静态功耗小,可单电源使用,价格低廉等优点,因此被广泛应用在各种电路中。

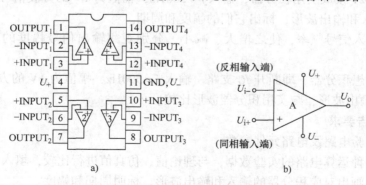

a)

b)

图 3-24　运算放大器 LM324
a) 引脚排列　b) 符号

LM324 既可以单电源使用(3 ~ 30V),也可以双电源使用(±1.5 ~ ±15V)。LM324 的增益带宽积为 1.2MHz。

**4. 实验内容**

用运算放大器 LM324 完成以下实验。

（1）电压跟随器

设计一个电压跟随器并接线。检查无误后，4、11 引脚分别接通 12V 和 –12V 直流电源。在输入端加入 $f=1\mathrm{kHz}$ 的正弦电压，完成表 3-11。

表　3-11

| $U_\mathrm{i}$（有效值）/V | | 0 | 1 | 2 |
|---|---|---|---|---|
| $U_\mathrm{o}$（有效值）/V | 测量值 | | | |
| | 理论值 | | | |

（2）反相比例运算

设计一个反相比例器并接线。要求反相比例运算电路的输入电阻 $R_\mathrm{if}=10\mathrm{k}\Omega$，闭环电压增益 $|A_\mathrm{uf}|=10$。

1）在输入端加入 $f=1\mathrm{kHz}$ 的正弦电压，其有效值为 0.2V，用万用表（或电子毫伏表）测出 $U_\mathrm{o}$ 的有效值，填入自拟表格中。

2）用示波器观察 $U_\mathrm{i}$ 与 $U_\mathrm{o}$ 的相位关系和幅值关系。

保留接线，待用。

（3）加减法运算

设计一个模拟加减法器，实现 $U_\mathrm{o}=(10U_\mathrm{i1}-2U_\mathrm{i2})$ 的运算。要求采用双运放，即利用反相比例器和反相加法器实现。

1）$U_\mathrm{i1}$ 和 $U_\mathrm{i2}$ 的频率均为 1kHz，有效值均为 0.2V，测量 $U_\mathrm{o}$ 的有效值，填入自拟表格中。

2）输入信号 $U_\mathrm{i1}$ 频率为 1kHz，有效值为 0.2V，$U_\mathrm{i2}$ 为直流电压，值为 0.5V。观察输出是否满足设计要求（注意观察输出信号中含有直流分量与纯交流信号的不同）。

（4）积分运算

设计一个反相积分器，并用积分器将方波转换为三角波。设积分时间常数为 0.1ms。

1）按图 3-21 接成实用积分器，输入 $f=500\mathrm{Hz}$，幅值为 1V 的方波信号，用双踪示波器观察并记录输入和输出波形，标出它们的幅度和周期。

2）改变输入信号频率，使之增大、减小，分别观察输出信号幅度的变化并分析测试结果。

3）接成理想积分器，即断开 $R_\mathrm{f}$ 支路。输入 $f=500\mathrm{Hz}$，幅值为 1V 的方波信号，用示波器观察并记录输出波形，与实用积分器波形比较。

**5. 实验报告要求**

1）给出实验电路及电路元件参数。

2）整理各种运算电路的实验数据，与理论值、仿真值进行比较，填入自拟表格中。

3）记录并画出对应积分器的输入和输出波形，标明周期和幅度。

**6. 思考题**

1）对于集成运放组成的基本运算电路，当输入信号为零时，输出端的静态电压应为多少？

2）在反相比例放大电路中，电阻 $R_1$ 的取值不能够太小（如几十欧姆），为什么？

3）积分器输入方波信号时，输出的三角波信号幅度受哪些参数影响？

## 3.6　实验6　波形产生电路

### 1. 实验目的

1）熟悉采用集成运放组成 $RC$ 桥式振荡器的工作原理，研究负反馈强弱对振荡波形的影响，理解正弦波振荡电路的起振条件和稳幅特性。

2）掌握采用集成运放组成方波和三角波发生器的工作原理，学习其主要性能指标的测试方法。

### 2. 预习要求

1）分析实验参考电路工作原理。根据已知参数，计算符合振荡条件的电阻值 $R_p$ 以及振荡频率。

2）分析方波—三角波发生器工作原理，对应画出 $u_{o1}$ 和 $u_o$ 波形。

3）复习用示波器测量信号频率和幅值的方法。

4）通过 Multisim 仿真分析输出波形、振荡条件。

### 3. 实验原理

（1）$RC$ 桥式正弦振荡器

1）$RC$ 桥式正弦振荡器的组成。$RC$ 桥式正弦振荡电路由 $RC$ 串并联选频网络和同相放大器组成，如图 3-25 所示。它适用于产生频率小于 1MHz 的低频振荡信号，振幅和频率较稳定，频率调节方便，应用较普遍。电路中 $RC$ 串并联选频网络将输出电压反馈到集成运放的同相输入端，形成正反馈，以产生正弦振荡，它决定了电路的振荡频率。电阻 $R_1$、$R_2$、$R_p$ 和二极管 $VD_1$、$VD_2$ 构成负反馈网络，调节 $R_p$ 可以改变负反馈深度，从而调节放大器的电压增益，以满足振荡的幅值条件。反向并联二极管 $VD_1$、$VD_2$ 的作用是实现负反馈信号的非线性变化，改变电压增益，实现稳幅，进而改善输出波形。

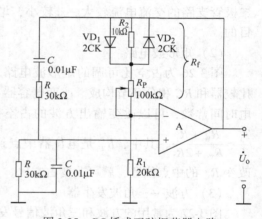

图 3-25　$RC$ 桥式正弦振荡器电路

2）起振条件与振荡频率。振荡器在刚刚起振时，为了克服电路中的损耗，需要正反馈强一些，即要求

$$|\dot{A}\dot{F}| > 1$$

称为起振条件。

根据产生振荡的相位条件，可得电路的振荡频率 $f_o$ 为

$$f_o = \frac{1}{2\pi RC}$$

可见，改变选频网络参数 $R$ 或 $C$ 可调节振荡频率。一般调节电阻 $R$ 实现量程内的频率

细调，改变电容 $C$ 实现频率量程切换。

根据产生振荡的幅值条件，可得电路的起振条件

$$A_{uf} = 1 + \frac{R_f}{R_1} \geqslant 3$$

即
$$R_f \geqslant 2R_1$$

式中 $R_f = R_P + (R_2 // r_D)$，$r_D$ 为二极管正向动态电阻。

通过调整电位器 $R_P$ 调节负反馈的强弱，使电路起振，进一步调节直到得到理想的振荡输出波形。当电路达到稳定振荡时，有

$$A_{uf} = 1 + \frac{R_f}{R_1} = 3$$

即

$$R_f = 2R_1$$

3）稳幅措施。振荡电路的电压增益 $A_{uf}$ 高，则有利于电路起振，但 $A_{uf}$ 过高会使振荡幅度的增长过大而引起波形失真严重。为了得到较理想的正弦输出波形，常采用具有非线性特性的负反馈元件作为稳幅环节，根据振荡幅度的变化自动地改变负反馈的强弱，也就是自动地改变放大电路的增益。图 3-25 中的二极管 $VD_1$ 和 $VD_2$ 构成稳幅单元。当 $U_o$ 较小时，二极管支路的交流电流较小，$r_D$ 较大，$A_{uf}$ 比较大，于是 $U_o$ 增大；当 $U_o$ 较大时，二极管支路的交流电流较大，$r_D$ 较小，增益 $A_{uf}$ 下降，于是 $U_o$ 下降，最后达到稳定幅度的目的。

（2）矩形波电路

图 3-26 为占空比可调的矩形波电路。电路由迟滞比较器和 $RC$ 积分环节构成。改变电容器 $C$ 的充电和放电时间常数，可以改变输出方波的占空比。占空比为 $\frac{T_1}{T} \approx \frac{R_W' + R_1}{R_W + 2R_1}$，其中，$R_W'$ 是电位器中点到上端的电阻。改变 $R_W$ 的中点位置，就可改变占空比。

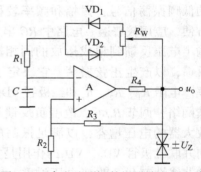

图 3-26　占空比可调的矩形波发生电路

（3）方波—三角波发生器

图 3-27 为常用的方波和三角波信号发生电路。运算放大器 $A_1$、电阻 $R_1$ 和 $R_2$、稳压管 $VZ_1$ 和 $VZ_2$ 等组成迟滞比较器；运算放大器 $A_2$、电阻 $R_4$、$R_P$ 和电容 $C$ 组成积分电路。把迟滞比较器和积分器首尾相接形成正反馈闭环系统，使电路产生自激振荡。迟滞比较器的输出 $u_{o1}$ 为正负峰值 $U_Z$ 的方波。积分电路对方波 $u_{o1}$ 进行积分，产生三角波输出 $u_o$。

比较器是将一个模拟电压信号与一个基准电压相比较的电路，运算放大器工作在开环或正反馈状态。因开环增益很大，比较器的输出只有高电平和低电平两个稳定状态。迟滞比较器是将运放接成正反馈形式。图 3-27 所示电路中有

$$u_P = \frac{R_1}{R_1 + R_2}u_{o1} + \frac{R_2}{R_1 + R_2}u_o$$

$u_P$ 与 $u_N(=0)$ 比较，当 $u_P > 0$ 时，$u_{o1} = +U_Z$。当 $u_P < 0$ 时，$u_{o1} = -U_Z$。

迟滞比较器的输出电压 $u_{o1} = \pm U_Z$，比较器的阈值电压 $U_{th}$ 为

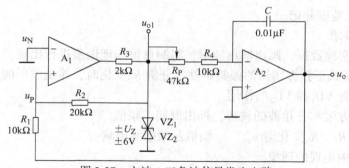

图 3-27　方波—三角波信号发生电路

$$U_{th} = \pm \frac{R_1}{R_2} U_z$$

积分电路的输入是迟滞比较器的输出。当积分器对 $-U_z$ 进行积分时，电容 $C$ 开始放电，积分器输出电压按线性上升，当上升至正阈值电压 $U_{th}$（使 $A_1$ 的 $u_P$ 略大于 0）时，迟滞比较器输出由 $-U_z$ 翻转为 $+U_z$；此后积分器对 $+U_z$ 进行积分，电容 $C$ 充电，同时积分器输出电压按线性逐渐下降，当下降至负阈值电压 $-U_{th}$（$A_1$ 的 $u_P$ 略低于 0）时，迟滞比较器输出由 $+U_z$ 翻转为 $-U_z$，电路完成一个周期的振荡过程。如此周而复始，产生振荡。$u_o$ 的上升、下降时间相等，斜率绝对值也相等，故 $u_o$ 为三角波。

方波峰峰值 $U_{O1P-P}$ 和三角波峰峰值 $U_{OP-P}$ 分别为

$$U_{O1P-P} = 2U_z$$

$$U_{OP-P} = 2\frac{R_1}{R_2}U_z$$

方波和三角波的振荡频率为

$$f_o = \frac{R_2}{4R_1(R_4 + R_P)C}$$

调节电位器 $R_P$ 可以改变振荡频率，改变比值 $R_1/R_2$ 可调节三角波的幅值。

**4. 实验内容**

（1）RC 桥式正弦振荡器

1）实验参考电路如图 3-25 所示，电源电压 ±12V。

2）用示波器观察输出波形，通过调节电位器 $R_P$，使输出波形从无到有，从正弦到出现失真。分析出现这 3 种情况的原因。

3）调节 $R_P$，使输出波形幅值最大且不失真，分别测量振荡频率 $f_o$、输出电压的幅值 $U_{Omax}$ 以及反馈电压的幅值。自拟表格记录，分析电路的振荡条件。

4）将两个二极管断开，观察输出波形的变化。

（2）方波—三角波发生器

1）实验参考电路如图 3-27 所示，电源电压 ±12V。

2）将 $R_P$ 调至最右端，用双踪示波器测量并画出输出波形 $u_{o1}$ 和 $u_o$，分别标出它们的幅值和频率。

3）改变 $R_P$，观察 $u_{o1}$、$u_o$ 幅值及频率的变化情况。测量频率变化范围并记录。

4）改进电路，使三角波的幅值可以调节，幅值调节范围 $U_{om} \approx 1 \sim 3V$。用示波器测量

$u_o$ 幅值和频率变化范围并记录。

**5. 实验报告要求**

1）列表整理实验数据，画出输出波形，将测量值与理论值进行比较。

2）分析 $RC$ 桥式正弦振荡器的振幅条件。分析 $R_P$ 变化时，输出波形的变化情况。

3）讨论二极管 $VD_1$ 和 $VD_2$ 的作用。

4）对应画出方波和三角波的波形，标出周期、幅值。

5）分析 $R_P$、$R_1$、$R_2$ 变化对 $u_{o1}$、$u_o$ 幅值及频率的影响。

6）分析实验中出现的现象。

7）给出仿真结果。

**6. 思考题**

1）要使电路既容易起振，又能输出较好的正弦信号，调整图 3-25 中哪个元件比较合适，如何调节？

2）如何将图 3-27 所示电路进行改进，使之产生矩形波和锯齿波振荡？

## 3.7　实验 7　有源滤波器设计

**1. 实验目的**

1）熟悉由集成运算放大器和 $RC$ 元件组成的有源滤波器的原理。

2）学习有源滤波器的设计、调试和幅频特性的测量。

**2. 预习要求**

1）复习 $RC$ 有源滤波器的工作原理。

2）按照实验内容要求设计 LPF、HPF 和 BPF，给出所设计的电路图及电路参数。

3）对所设计的有源滤波器进行 Multisim 仿真。调整元件参数，以满足技术指标要求。

**3. 实验原理**

（1）理想滤波器的幅频特性

滤波器是具有频率选择性的网络，也可以说是一种具有特定频率响应的放大器。滤波器主要用来滤除信号中无用的频率成分。$RC$ 有源滤波器是在运算放大器的基础上增加一些 $R$、$C$ 等无源元件构成的。按照滤波器的工作频带，滤波器可以分为低通、高通、带通、带阻等。如果电路允许低频信号通过，而抑制高频信号的输出，则该系统称为低通滤波器（LPF）。如果电路允许高频信号通过，而抑制低频信号的输出，则该系统称为高通滤波器（HPF）。如果电路允许中心频段信号通过，而抑制其余频段信号的输出，则该系统称为带通滤波器（BPF）。如果电路抑制中心频段信号通过，而允许其余频段信号的输出，则该系统称为带阻滤波器（BEF）。它们的理想幅度频率特性曲线如图 3-28 所示。

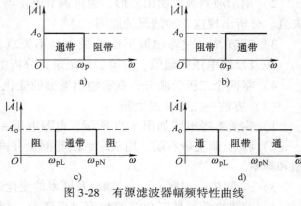

图 3-28　有源滤波器幅频特性曲线

a）低通　b）高通　c）带通　d）带阻

（2）二阶有源滤波器

理想滤波器的频率响应在通带内应具有最大增益和线性相移，而在阻带内其增益应为0。但实际的滤波器往往难以达到理想的要求。一般根据不同实际需要，寻求最佳的滤波特性。

常用的二阶有源滤波器分为运放同相输入的压控电压源滤波器（VCVS）和运放反相输入的无限增益多路反馈滤波器（MFB）。VCVS 和 MFB 基本滤波电路分别如图 3-29a、b所示。

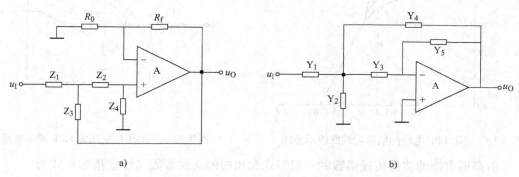

图 3-29　二阶有源滤波器基本电路

a）压控电压源滤波器　b）无限增益多路反馈滤波器

1）二阶低通有源滤波器。图 3-29a 中取 $Z_1$、$Z_2$ 为电阻元件，$Z_3$、$Z_4$ 为电容元件，则可得二阶压控电压源 LPF 基本电路，如图 3-30 所示。

二阶低通有源滤波器传递函数的一般形式和相应的滤波参数（性能指标）式为

$$A_u(s) = \frac{U_O(s)}{U_I(s)} = \frac{A_{up}\omega_p^2}{s^2 + \dfrac{\omega_p}{Q}s + \omega_p^2}$$

$$A_{up} = 1 + \frac{R_f}{R_0}$$

$$f_P = \frac{1}{2\pi}\frac{1}{\sqrt{R_1 R_2 C_3 C_4}}$$

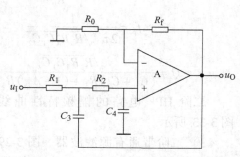

图 3-30　二阶压控电压源 LPF 基本电路

$$Q = \frac{\sqrt{R_1 R_2 C_3 C_4}}{(R_1 + R_2)C_4 + (1 - A_{up})R_1 C_3}$$

其中参数定义为：

$A_{up}$：通带增益，它是指滤波器在通频带内的电压放大倍数。性能良好的 LPF 通带内的幅频特性曲线是平坦的，阻带内的电压放大倍数基本为 0。

$\omega_p$：通带截止角频率，其定义与放大电路的截止角频率相同。通带与阻带之间称为过渡带，过渡带越窄，说明滤波器的选择性越好。

$Q$：品质因数，定义 $Q$ 值为 $\omega = \omega_p$ 时的电压增益与通频带增益之比。

设计滤波器时，以上关系是选择电路元器件参数的依据。

二阶 LPF 电路的幅频特性曲线示意图如图 3-31 所示。

2）二阶高通有源滤波器。将图 3-30 中电阻、电容的位置互换，即 $Z_1$、$Z_2$ 为电容元件，$Z_3$、$Z_4$ 为电阻元件，则可得二阶压控电压源 HPF 基本电路，如图 3-32 所示。

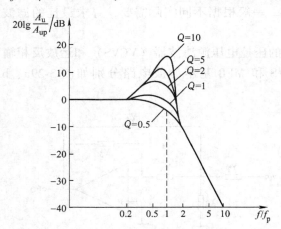

图 3-31　二阶 LPF 电路的幅频特性曲线示意图

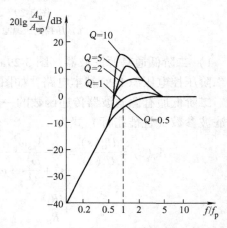

图 3-32　二阶压控电压源 HPF 基本电路

二阶高通有源滤波器传递函数的一般形式和相应的滤波参数（性能指标）式为

$$A_u(s) = \frac{U_O(s)}{U_I(s)} = \frac{A_{up}s^2}{s^2 + \frac{\omega_p}{Q}s + \omega_p^2}$$

$$A_{up} = 1 + \frac{R_f}{R_0}$$

$$f_p = \frac{1}{2\pi\sqrt{R_3 R_4 C_1 C_2}}$$

$$Q = \frac{\sqrt{R_3 R_4 C_1 C_2}}{(C_1 + C_2)R_3 + (1 - A_{up})R_3 C_2}$$

二阶 HPF 电路的幅频特性曲线示意图如图 3-33 所示。

3）二阶带通有源滤波器。图 3-29b 中取 $Y_1$、$Y_2$、$Y_5$ 为电阻元件，$Y_3$、$Y_4$ 为电容元件，则可得二阶无限增益多路反馈 BPF 基本电路，如图 3-34 所示。

二阶带通有源滤波器传递函数的一般形式和相应的滤波参数（性能指标）式为

$$A_u(s) = \frac{U_O(s)}{U_I(s)} = \frac{A_{up}\frac{\omega_0}{Q}s}{s^2 + \frac{\omega_0}{Q}s + \omega_0^2}$$

$$A_{up} = -\frac{1}{\frac{R_1}{R_5}\left(1 + \frac{C_4}{C_3}\right)}$$

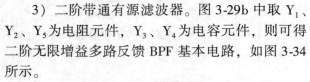

图 3-33　二阶 HPF 电路的幅频特性曲线示意图

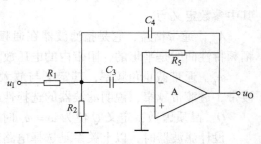

图 3-34　二阶无限增益多路反馈 BPF 基本电路

$$f_0 = \frac{\omega_0}{2\pi} = \frac{1}{2\pi}\sqrt{\frac{1}{R_5 C_3 C_4}\left(\frac{1}{R_1} + \frac{1}{R_2}\right)}$$

$$Q = \frac{\omega_0}{\dfrac{1}{R_5}\left(\dfrac{1}{C_3} + \dfrac{1}{C_4}\right)}$$

$$BW = f_H - f_L = \frac{f_0}{Q}$$

式中 $\omega_0$ 为中心角频率，$BW$ 为带宽，$f_H$ 和 $f_L$ 分别为上限截止频率和下限截止频率，其他参数定义同前。

二阶 BPF 电路的幅频特性曲线示意图如图 3-35 所示。

将图 3-32 所示的 HPF 电路与图 3-30 所示的 LPF 电路串联起来，并且在 LPF 通带截止频率高于 HPF 通带截止频率的条件下，也可以实现带通滤波器。用该方法构成的带通滤波器通带较宽，多用作音频带通滤波器。

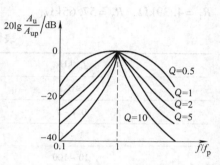

图 3-35　二阶 BPF 幅频特性曲线示意图

4）二阶带阻有源滤波器

图 3-36 是由 MFB 带通滤波器和加法器组成的带阻滤波器。$A_1$ 的输出是输入信号的反相带通信号，再经 $A_2$ 与输入信号相加，在 $A_2$ 输出端就得到了带阻信号。

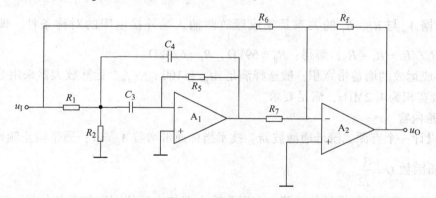

图 3-36　二阶 BEF 有源基本电路

二阶带阻有源滤波器传递函数的一般形式为

$$A_u(s) = \frac{U_O(s)}{U_I(s)} = \frac{A_{up}(s^2 + \omega_0^2)}{s^2 + \dfrac{\omega_0}{Q}s + \omega_0^2}$$

若电路中取 $C_3 = C_4 = C$，$R_5 R_6 = 2R_1 R_7$，则相应的滤波参数（性能指标）式为

$$A_{up} = -\frac{R_f}{R_6}$$

$$f_0 = \frac{\omega_0}{2\pi} = \frac{1}{2\pi}\sqrt{\frac{1}{R_5 C^2}\left(\frac{1}{R_1} + \frac{1}{R_2}\right)}$$

$$Q = \frac{1}{2} \sqrt{R_5 \left( \frac{1}{R_1} + \frac{1}{R_2} \right)}$$

（3）设计举例

设计二阶低通有源滤波器。已知 $A_{up} = 10$，$f_p = 1000\,\text{Hz}$，$Q = 0.7$。

解：选用二阶压控型 LPF，基本电路如图 3-30 所示。

1）根据 $f_p$，选取 $C$，再求 $R$。$f_p$ 与 $C$ 的关系可参考表 3-12，同时为了减少元件规格，

选取 $C_3 = C_4 = 0.01\ \mu\text{F}$。根据 $f_p = \dfrac{1}{2\pi \sqrt{R_1 R_2 C_3 C_4}}$ 和 $Q = \dfrac{\sqrt{R_1 R_2 C_3 C_4}}{(R_1 + R_2) C_4 + (1 - A_{up}) R_1 C_3}$，解得

$R_1 = 4.39\,\text{k}\Omega$，$R_2 = 57.65\,\text{k}\Omega$。

**表 3-12    截止频率与电容的关系**

| $f_p/\text{kHz}$ | $C/\mu\text{F}$ |
| --- | --- |
| $\leqslant 0.1$ | $10 \sim 0.1$ |
| $0.1 \sim 1$ | $0.1 \sim 0.01$ |
| $1 \sim 10$ | $0.01 \sim 0.001$ |
| $10 \sim 100$ | $1 \times 10^{-3} \sim 1 \times 10^{-4}$ |
| $> 100$ | $1 \times 10^{-4} \sim 1 \times 10^{-5}$ |

2）根据 $A_{up}$ 与 $R_1$、$R_f$ 的关系及集成运放两输入端外接电阻的对称条件，即 $1 + \dfrac{R_f}{R_0} = A_{up} = 10$，$R_0 // R_f = R_1 + R_2$，解得：$R_0 = 69\,\text{k}\Omega$，$R_f = 620\,\text{k}\Omega$。

3）集成运放的增益带宽积一般选择满足 $Af_{BW} \geqslant 100 A_{up} \cdot f_p$。运算放大器采用 LM324，其 3dB 增益带宽积为 1.2MHz，满足要求。

**4. 实验内容**

（1）设计一个有源二阶低通滤波器。技术指标通带增益 $A_{up} = 1$；通带截止频率 $f_p = f_H = 3\text{kHz}$；品质因数 $Q = \dfrac{1}{\sqrt{2}}$。

1）连接并调试自行设计的电路。在电路输入端加入幅值固定的正弦信号，改变信号频率，用示波器或交流毫伏表测量电路的输出信号。

（a）定性观测滤波器低通特性。在上限截止频率附近改变输入信号频率，观察滤波器输出电压幅度的变化是否具备低通滤波特性。如不具备，说明电路存在问题或故障，要检查电路并排除故障。

（b）滤波特性测试调整。在输出波形不失真的条件下，测试滤波器的技术指标。必要时按照通带增益、上限截止频率的设计方程适当调整电路参数，使其技术指标满足设计要求。注意，尽量选择对其他指标和参数没有影响或影响较小的元件进行调整。

2）测试 LPF 的幅频特性。维持电路输入正弦信号的幅度不变（取有效值 $U_i = 1\text{V}$），逐点改变输入信号频率（至少 10 个频点，同时注意在截止频率附近增加频点密度），测量输出电压，结果记入表 3-13 中。

表 3-13  LPF 频率特性测试

| $f$/Hz | | | | | | | | | | |
| --- | --- | --- | --- | --- | --- | --- | --- | --- | --- | --- |
| $U_o$/V | | | | | | | | | | |

保留接线,待用。

（2）将设计的有源二阶低通滤波器中的 $R$ 和 $C$ 位置互换,且 $R$、$C$ 值不变,构成一个有源二阶高通滤波器。测试其幅频响应,结果记入表 3-14 中。

表 3-14  HPF 频率特性测试

| $f$/Hz | | | | | | | | | | |
| --- | --- | --- | --- | --- | --- | --- | --- | --- | --- | --- |
| $U_o$/V | | | | | | | | | | |

保留接线,待用。

（3）设计有源带通滤波器。将有源低通滤波器与有源高通滤波器串联起来构成一个有源带通滤波器（语音滤波器）。技术指标为通带增益 $A_{up} \approx 1$,上限截止频率 $f_H \approx 3\text{kHz}$,下限截止频率 $f_L \approx 300\text{Hz}$。

根据技术指标,设计的 LPF 参数保持不变,HPF 的参数设计需满足 $f_L \approx 300\text{Hz}$。

连接电路,测试其幅频响应,结果记入表 3-15 中。

表 3-15  BPF 频率特性测试

| $f$/Hz | | | | | | | | | | |
| --- | --- | --- | --- | --- | --- | --- | --- | --- | --- | --- |
| $U_o$/V | | | | | | | | | | |

注意:当输入信号频率发生变化时,信号发生器的输出幅值可能变化,这时应调整输入信号使其幅值固定不变。

**5. 实验报告**

1）写出设计步骤,画出实验电路。

2）整理实验数据,绘出滤波器幅频特性曲线,根据曲线确定截止频率和带宽。

3）将测试结果与理论值、仿真值进行比较和分析。

**6. 思考题**

1）改变品质因数 $Q$ 对滤波器的幅频特性有什么影响?

2）用 LM324 组成高通滤波器,在高频段其通带增益大约能维持在什么范围?

# 3.8  实验 8  直流稳压电源设计

**1. 实验目的**

1）学习使用集成稳压器设计线性稳压电源。

2）掌握直流稳压电源主要技术指标的测试方法。

**2. 预习要求**

1）复习整流、滤波、稳压等集成直流稳压电源知识。

2）根据指标要求设计电路。

3）对设计电路进行 Multisim 仿真，验证电路功能。

### 3. 实验原理

（1）直流稳压电源电路的组成

直流稳压电源能为电子仪器和设备提供稳定的直流电压，是一种非常有用的单元电路。常用的线性串联稳压电源的组成如图 3-37 所示，包括电源变压器、桥式整流、电容滤波和集成稳压器。

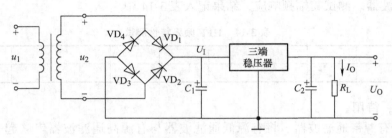

图 3-37　线性稳压电源电路

（2）电源变压器

电源变压器的作用是将电网 220V 交流电压 $u_1$ 变换成整流滤波电路所需要的交流电压 $u_2$。变压器输入功率 $p_1$ 和输出功率 $p_2$ 之间关系为

$$\eta = \frac{p_2}{p_1}$$

$\eta$ 为变压器的效率。一般小型变压器的效率如表 3-16 所示。

表 3-16　小型变压器的效率

| 输出功率 $p_2/V \cdot A$ | <10 | 10 ~ 30 | 30 ~ 80 | 80 ~ 200 |
| --- | --- | --- | --- | --- |
| 效率 $\eta$ | 0.6 | 0.7 | 0.8 | 0.85 |

（3）单向桥式整流、电容滤波电路

单向桥式整流是将交流电压通过二极管的单向导电作用变为单方向的脉动直流电压。滤波电路利用电抗性元件对交、直流阻抗的不同实现滤波。电容器 $C$ 对直流开路，对交流阻抗小，所以 $C$ 应该并联在负载两端。经过滤波电路后，既可保留直流分量，又可滤掉一部分交流分量，改变交直流成分的比例，减小电路的脉动系数，改善直流电压的质量。在 $RC \geqslant (3 \sim 5) \dfrac{T}{2}$ 的条件下，有

$$U_I \approx 1.2 U_2$$

其中，$R$ 为整流滤波电路的负载电阻，$T$ 为电源交流电压的周期，$U_2$ 是变压器二次侧电压。

（4）稳压电源的技术指标

1）稳压系数 $S_r$。稳压系数的定义为输出电压的相对变化率与输入电压的相对变化率之比，即

$$S_r = \left. \frac{\Delta U_O / U_O}{\Delta U_I / U_I} \right|_{\Delta I_O = 0}$$

在测量稳压系数时，应保持负载不变，输入电压 $U_I$ 变化 ±10%，分别测出稳压电路相

应的输出电压，计算输出电压的变化量。

2）输出电阻 $R_o$。输出电阻的定义与放大器输出电阻相同。表示输入电压不变时，输出电压变化量与输出电流变化量之比，即

$$R_o = \frac{\Delta U_O}{\Delta I_O}\bigg|_{\Delta U_I = 0}$$

在测量输出电阻时，应保持输入电压不变，改变负载 $R_L$，分别测出不同负载情况下稳压电路相应的输出电压和电流，计算输出电压和电流的变化量，即可求出稳压电源的输出电阻。

3）纹波电压。纹波电压是指叠加在输出电压上的交流分量，一般为毫伏数量级。纹波电压可以用示波器或交流毫伏表来测量。

（5）三端集成稳压器

1）典型应用电路。早期的集成稳压器外引线较多，现在的集成稳压器只有 3 个外引线：输入端、输出端和公共端，电路符号如图 3-38 所示。注意，不同型号、不同封装的集成稳压器，3 个电极的位置是不同的，需要查手册确定。

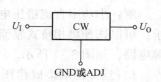

图 3-38　集成稳压器符号

三端集成稳压器有如下 6 种：三端固定正输出集成稳压器，三端固定负输出集成稳压器，三端可调正输出集成稳压器，三端可调负输出集成稳压器，三端低压差集成稳压器，大电流三端集成稳压器。

三端固定输出集成稳压器的典型应用电路如图 3-39a 所示，三端可调输出集成稳压器的典型应用电路如图 3-39b 所示。

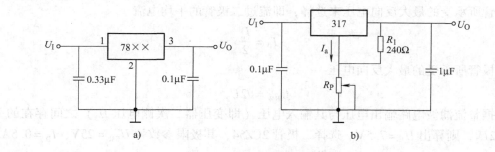

图 3-39　稳压器应用电路

a）三端固定输出　b）三端可调输出

可调输出三端集成稳压器的内部，在输出端和公共端之间是 1.25V 的参考源，因此输出电压 $U_O$ 可通过电位器 $R_P$ 调节。$U_O$ 与 $R_P$ 关系式为

$$U_O = U_{REF} + \frac{U_{REF}}{R_1}R_P + I_aR_P \approx 1.25 \times \left(1 + \frac{R_P}{R_1}\right)$$

2）输入电压的确定。为了保证稳压性能，使用三端集成稳压器时，输入电压与输出电压要相差较大的值；但也不能太大，太大会增大器件本身的功耗以至于损坏器件。稳压电路输入电压 $U_I$ 依据以下方法确定：

为保证稳压器在电网电压最低时仍能正常工作，要求

$$U_I \geqslant U_{Omax} + (U_I - U_O)_{min}$$

式中，$(U_I - U_O)_{min}$ 是稳压器的最小输入电压与输出电压差，典型值为 3V。考虑电网电压允许变化 ±10%，则有

$$U_I \geq \left[ U_{Omax} + (U_I - U_O)_{min} \right] / 0.9$$

为保证稳压器的工作安全，要求

$$U_I \leq U_{Omax} + (U_I - U_O)_{max}$$

式中，$(U_I - U_O)_{max}$ 是稳压器允许的最大输入电压与输出电压差，典型值为 35V。

(6) 设计举例

设计一直流稳压电源，性能指标为：

1) 输出直流电压：$U_O = 5V$。

2) 输出直流电流：$I_{Omax} = 100mA$。

3) 输出纹波电压：$U_{Op-p} < 15mV$。

解：小功率直流稳压电源一般由电源变压器、整流滤波电路和稳压电路组成。据指标要求，可以选择单相桥式整流、电容滤波电路和三端集成稳压器构成的线性串联型直流稳压电源电路，如图 3-37 所示。

1) 选择三端集成稳压器、确定稳压器输入电压。7800 系列的集成稳压器稳定电压为 5～24V，额定电流可达 1.5A（需加装散热片）。选择三端集成稳压器 7805，输出电压 $U_O = +5V$。稳压器输入电压

$$U_I \geq \left[ U_{Omax} + (U_I - U_O)_{min} \right] / 0.9 = 8.9V$$

取 $U_I$ 值为 9V。

2) 选择整流管和滤波电容。整流电路中，二极管的容量要依据流过二极管的平均电流及二极管所承受的最大反向电压来选择，即流过二极管的平均电流

$$I_D = \frac{I_o}{2}$$

二极管所承受的最大反向电压

$$U_{RM} = \sqrt{2} U_2$$

根据整流滤波电路输出电压与其输入电压（即变压器二次侧电压 $U_2$）之间存在的关系 $U_I = 1.2 U_2$，则算出 $U_2 = 7.5V$。选择二极管 2CZ54，其极限参数为 $U_{RM} = 25V$，$I_D = 0.5A$。

滤波电容 $C_1$ 根据 $C_1 \geq (3～5)\dfrac{T}{2R}$ 来选取，经计算，选电解电容 $C_1$ 为 1000μF/25V。一般 $C_1$ 取几百至几千微法，$C_2$ 取几十至几百微法。

3) 选择电源变压器。变压器二次侧电流 $I_2 > I_{Omax} = 100mA$，取 $I_2 = 2I_{Omax} = 200mA$，因此变压器二次侧输出功率 $P_2 = U_2 I_2 = 1.5W$。变压器效率 $\eta = 0.6$，所以变压器一次侧输入功率 $p_1 = p_2 / \eta = 2.5W$。

**4. 实验内容**

(1) 设计电路

设计一集成直流稳压电源，要求：

1) 输出直流电压：$U_O = 5V$；

2) 输出直流电流：$I_{Omax} = 200mA$；

3) 输出纹波电压：$U_{Op-p} < 15mV$。

（2）电路安装与测试

1）连接设计的直流稳压电源实验电路。

2）在稳压电路输出端接负载电阻 $R_L = 50\Omega$，测量各单元的输出电压 $U_2$、$U_1$、$U_0$，并用示波器观察并记录波形。

3）测量最大输出电流 $I_{Omax}$。设 $U_0 = 5V$，为了测量 $I_{Omax}$，可在输出端接负载电阻 $R_L = 25\Omega$，$R_L$ 上流过的电流即为最大输出电流 $I_{Omax} = 200mA$，这时 $U_0 = 5V$ 应保持不变，否则需调整电路参数。

4）测量电路的纹波电压 $U_{Op-p}$。输入电压不变，输出直流电压 5V，用交流毫伏表或示波器测量输出端的纹波电压。输入电压变化 10%，$I_{Omax} = 200mA$，测量此时的纹波电压。

5）调整电路参数，使电源符合设计要求。

**5. 实验报告**

1）画出实验电路，写出设计步骤。

2）整理实验数据，将测试结果与设计值、仿真值进行比较。

3）分析实验中出现的问题。

**6. 思考题**

1）实验中所用的稳压电路在什么工作情况下会出现保护？

2）稳压器输入、输出端所接电容的作用？

# 第 **4** 章

# 数字电子技术实验

## 4.1 实验1 集成逻辑门的测试

**1. 实验目的**

1) 掌握常用 TTL 与非门及 CMOS 与非门电路的逻辑功能及测试方法。

2) 了解集成与非门电路的外特性。

3) 掌握门电路使用注意事项。

**2. 预习要求**

1) 了解实验箱数字部分的使用方法。

2) 了解 TTL 及 CMOS 集成与非门电路的主要参数及其外特性。

3) 了解实验原理及与非门电路使用注意事项。

**3. 实验原理**

数字电路测试主要包括逻辑功能测试和参数测试。测试方法一般分为静态测试和动态测试。图 4-1a、b 分别给出逻辑电平的静态和动态测试电路。

（1）TTL 和 CMOS 与非门逻辑功能及主要参数

TTL 和 CMOS 是目前使用最广泛的数字集成电路。

1) TTL 和 CMOS 与非门逻辑功能。TTL 和 CMOS 与非门电路主要有与非门、集电极开路与非门（OC 门）和三态输出与非门（三态门）等。本实验使用 TTL 与非门 74LS00 和 CMOS 与非门 74HC00，其引脚排列及逻辑符号如图 4-2 所示。

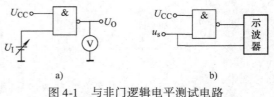

图 4-1　与非门逻辑电平测试电路

a) 静态测试电路　b) 动态测试电路

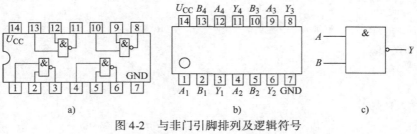

图 4-2　与非门引脚排列及逻辑符号

a) 74LS00　b) 74HC00　c) 逻辑符号

与非门的逻辑功能是：输入端全为高电平时，输出为低电平；输入至少有一个为低电平时，输出为高电平。电路的输出和输入之间满足与非逻辑关系

$$Y = \overline{AB}$$

2）TTL 和 CMOS 与非门主要参数及测试方法。逻辑门电路主要参数包括输入短路电流 $I_{SD}$（输入低电平电流 $I_{IL}$）、输入漏电流 $I_{IH}$（输入高电平电流）、扇出系数 $N_0$、平均传输延迟时间 $t_{pd}$、电压传输特性、输入负载特性等。这里仅讨论电压传输特性、输入负载特性及其测试方法。

（a）与非门电压传输特性。电压传输特性是指与非门输入电压 $U_I$ 与输出电压 $U_O$ 之间的关系曲线，即 $U_O = f(U_I)$。从电压传输特性可以得到输入和输出的高、低电平，关门电平、开门电平，噪声容限电压等。

输出高电平 $U_{OH}$：与非门有一个或几个输入端接地或接低电平时的输出电平。

输出低电平 $U_{OL}$：与非门输入端均接高电平时的输出电平。

关门电平 $U_{OFF}$：保证输出为高电平的最大输入低电平值。

开门电平 $U_{ON}$：保证输出为低电平的最小输入高电平值。

低电平噪声容限 $U_{NL}$：$U_{NL} = U_{OFF} - U_{OLmax}$，表示输入为低电平时所允许的噪声电压最大值。

高电平噪声容限 $U_{NH}$：$U_{NH} = U_{OHmin} - U_{ON}$，表示输入为高电平时所允许的噪声电压最大值。

表 4-1 给出 TTL 与非门和 CMOS 与非门逻辑电平标准值。

表 4-1　与非门逻辑电平标准值

| 与非门 | 电源电压/V | 开门电平 $U_{ON}$/V | 关门电平 $U_{OFF}$/V | 输出高电平 $U_{OH}$/V | 输出低电平 $U_{OL}$/V |
|---|---|---|---|---|---|
| TTL | 5 | 2.0 | 0.8 | ≥2.4 | ≤0.4 |
| CMOS | 5 | 3.5 | 1.0 | ≈5 | ≈0 |

电压传输特性的静态和动态测试电路如图 4-3 所示。图 a 中，改变输入信号，分别测出输入、输出电压值，得到电压传输特性。图 b 中，与非门输入电压 $u_s$ 可以为锯齿波（低电平 0V，高电平 5V），$u_s$ 同时接入示波器的 X 轴输入端，与非门输出电压 $U_O$ 接入示波器的 Y 轴输入端（示波器在 X-Y 工作方式），示波器可显示电压传输特性曲线。

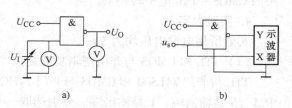

图 4-3　与非门电压传输特性测试电路
a）静态测试电路　b）动态测试电路

（b）TTL 与非门输入负载特性。对于 TTL 电路，当其输入端经过电阻接地时，由于输入短路电流 $I_{SD}$ 或输入漏电流 $I_{IH}$ 的作用，会使电阻两端产生的电压影响门电路的输出状态。当电阻阻值较小（小于关门电阻 $R_{OFF}$），电阻上压降小于关门电平 $U_{OFF}$，与非门输出高电平。当电阻阻值较大（大于开门电阻 $R_{ON}$），电阻上压降大于开门电平 $U_{ON}$，与非门输出低电平。通常 $R < 680\Omega$ 时，输入相当于接逻辑 "0"；$R > 4.7k\Omega$ 时，输入端相当于接逻辑 "1"。不同系列的器件，要求的阻值不同。

将与非门输入端接电位器 $R_P$，调节 $R_P$，测量输出电压，可确定关门电阻 $R_{OFF}$ 和开门电阻 $R_{ON}$。测试电路如图 4-4 所示。

（2）TTL 和 CMOS 电路的使用规则

1）通常 TTL 电路的电源电压是 $U_{CC} = 5 \pm 0.25V$，CMOS 电路的电源电压范围较宽，一般是 5 ~ 15V。电源电压过高器件将会损坏，过低则器件工作不正常。

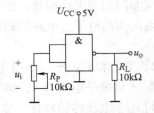

图 4-4　与非门输入负载特性测试电路

2）电路输出端不允许直接连接电源或地。可以通过提升电阻连接电源，以提高输出高电平。除 OC 门和三态门外，电路输出端不允许并联使用，否则会导致电路逻辑功能不正常或损坏器件。

3）TTL 电路不使用的输入端，通常有两种处理方法。一是与其他使用的输入端并联；二是把不用的输入端按其逻辑功能特点接至相应的逻辑电平上，不宜悬空，悬空的输入端容易受到外界干扰，破坏电路功能。CMOS 电路不使用的输入端不允许悬空，应根据逻辑需要接 $U_{DD}$ 端，或将其与使用的输入端并联，否则电路输出状态不稳定，甚至由于其具有的高输入阻抗使输入端出现感应电荷积累，产生高压，造成器件击穿。

4）CMOS 器件输入信号 $u_i$ 不可超过电源电压，即 $u_i < U_{DD}$（$U_{CC}$），否则会造成器件损坏。

（3）不同类型集成电路的连接

在使用包括 TTL 和 CMOS 等不同工艺的集成电路设计数字电路或系统时，要特别注意各器件之间的逻辑电平是否匹配和前级电路的负载能力。

1）CMOS 同 TTL 电源电压都为 5V 时，则两种门电路可直接连接。

2）TTL 门驱动 CMOS 门时，由于 TTL 门电路的高电平典型值只有 3.4V，而 CMOS 电路的输入高电平要求高于 3.5V，因此在 TTL 门电路输出端与电源之间需接一上拉电阻 $R_x$，将 TTL 的输出高电平提升到 3.5V 以上。电阻 $R_x$ 的取值约为 2 ~ 6.2kΩ。

3）当用 CMOS 驱动 TTL 时，如果 CMOS 门的驱动能力不适应 TTL 门的要求，可采用专用的 CMOS—TTL 电平转换器。

**4. 实验内容**

实验所用电源电压均为 5V。

（1）TTL 和 CMOS 与非门逻辑功能测试

TTL 与非门 74LS00 和 CMOS 与非门 74HC00 分别包括 4 个独立的 2 输入与非门电路，其中 A、B 是输入端，Y 是输出端。分别选取一个与非门测试其逻辑功能。门的输入端接实验箱逻辑开关输出插口，以获取高低电平信号。门的输出端接 LED 发光二极管组成的逻辑电平显示插口，LED 点亮为逻辑 "1"，不亮为逻辑 "0"。测量 TTL 与非门和 CMOS 与非门高低电平的电压值，并进行比较。将测试结果填入表 4-2 中。

**表 4-2　TTL 和 CMOS 与非门逻辑功能表**

| 输入 | | 74LS00 | | 74HC00 | |
|---|---|---|---|---|---|
| A | B | 输出电压 $U_0$/V | 输出逻辑 Y | 输出电压 $U_0$/V | 输出逻辑 Y |
| 0 | 0 | | | | |
| 0 | 1 | | | | |
| 1 | 0 | | | | |
| 1 | 1 | | | | |

（2）TTL 和 CMOS 与非门电压传输特性测试

按图 4-3 接线，分别用静态测试和动态测试方法测试 TTL 和 CMOS 与非门的电压传输特性。

1）输入信号 $U_I$ 取 0~5V，选取若干点测量输出电压值。自行列表，表中对应列出 TTL 和 CMOS 与非门输入、输出电压值。画出电压传输特性曲线。

2）读出输入高电平、输入低电平、输出高电平、输出低电平、关门电平、开门电平和阈值电压等参数。比较 TTL 和 CMOS 与非门输出高、低电平值和阈值电压。

3）用示波器观察 TTL 和 CMOS 与非门电压传输特性。被测与非门的输入电压（锯齿波或 1kHz 正弦信号经二极管 D 半波整流后加于电阻 R（≤1kΩ）上，作为输入电压，幅值约 2~3V）接到示波器的水平输入 X 端，此时触发方式为外触发（EXT）；被测与非门的输出电压接到示波器的 Y 输入端（CH1 或 CH2），适当调节信号发生器的输出幅度和示波器的 Y 轴衰减，即可直接观察与非门的电压传输特性。

（3）TTL 与非门输入负载特性测试

按图 4-4 接线，测试 TTL 与非门 74LS00 输入负载特性。调节 $R_P$，测量输出电压值，读出关门电阻 $R_{OFF}$ 和开门电阻 $R_{ON}$ 值。

（4）TTL 电路驱动 CMOS 电路

用 TTL 与非门 74LS00 的一个门来驱动 CMOS 与非门 74HC00 的 4 个门。实验电路请自行设计。测量连接上拉电阻和不连接上拉电阻时 74LS00 的输出高低电平，测试 74HC00 的逻辑功能。

**5. 实验报告要求**

1）整理实验数据，画出测试曲线。

2）比较 TTL 和 CMOS 与非门参数及其电压传输特性，分析 TTL、CMOS 与非门的特点。

3）总结实验中出现的问题及解决的方法。

**6. 思考题**

1）TTL 与非门输入负载的特性是什么？原因是什么？CMOS 电路是否要考虑关门电阻和开门电阻？

2）与非门的输出端能否并联使用？为什么？

3）TTL 与非门和 CMOS 与非门多余输入端如何处理？

# 4.2 实验 2 小规模数字集成电路组合逻辑电路设计

**1. 实验目的**

1）掌握利用小规模数字集成电路实现组合逻辑电路的一般设计方法。

2）掌握组合逻辑电路的功能测试方法。

3）观察组合逻辑电路中的竞争与冒险现象。

**2. 预习要求**

1）复习组合逻辑电路的一般设计方法。

2）熟悉所用集成芯片 7404、7400、7408、异或门 74LS86 的型号、引脚图及逻辑功能。

3）根据实验内容要求设计组合逻辑电路，列出真值表、写出各逻辑表达式，画出实验逻辑图。

4）对所设计电路进行 Multisim 仿真，并通过仿真了解组合逻辑电路的竞争与冒险现象。

**3. 实验原理**

（1）组合逻辑电路一般设计方法

组合逻辑电路由逻辑门构成，电路中不含记忆元件，逻辑门连接中没有反馈线存在。在某一时刻，组合逻辑电路的输出只决定于该时刻的外部输入情况，与电路过去的状态无关。因此，组合逻辑电路是没有记忆功能的电路。组合逻辑电路功能描述方法通常有真值表、卡诺图、函数表达式和逻辑图等。

组合逻辑电路的设计任务是根据给定的功能要求，设计出相应的逻辑电路。

设计步骤如下：

1）分析给定的功能要求，列出真值表。这一步将设计要求转化为逻辑关系，是设计组合逻辑电路的关键。

2）由真值表写出逻辑表达式。

3）简化或根据设计所用芯片的要求转换逻辑式。

4）画出逻辑电路图。

在步骤 3 中，简化的目的是使电路简单，所用逻辑门最少。另外，一般简化后所对应的逻辑电路往往会包括不同的门电路，如与门、非门、或门等，而设计中一般采用中、小规模集成电路，一片 IC 包括数个门，且门的类型固定，因此会造成某些芯片不能被充分利用。为减少所用芯片的数目和种类，需对逻辑表达式进行变换，用剩余逻辑门完成其它逻辑门的功能。

上述设计方法适用于小规模集成电路（SSI）的设计。

图 4-5 中给出 3 种集成门电路的引脚排列和逻辑符号。

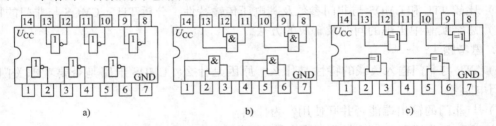

图 4-5　集成门电路的引脚排列及逻辑符号

a）六反相器 7404　b）2 输入四与门 7408　c）2 输入四异或门 74LS86

（2）二进制加法运算电路

1）半加器。半加器的功能是实现两个二进制数相加，不考虑低位来的进位输入，需考虑进位输出。半加器和全加器是基本的加法器电路，是数字运算电路中最重要、最基本的运算单元之一。

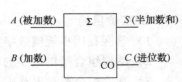

图 4-6　半加器符号

图 4-6 为半加器的符号，$A$ 表示被加数；$B$ 表示加数；$S$ 表示半加数和；$C$ 表示向高位的进位数。

2）全加器。全加器的功能是实现两个二进制数和一个低位来的进位信号的加法运算，并根据求和的结果给出该位的进位信号。图 4-7 是全加器的符号，$A_i$、$B_i$ 表示 $A$、$B$ 两个数的第 i 位，$C_{i-1}$ 表示相邻低位来的进位数，$S_i$ 表示本位和数（称为全加和），$C_i$ 表示向相邻高位的进位数。

2 位二进制数相加可表示如下

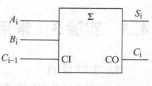

图 4-7 全加器符号

$$
\begin{array}{ccc}
 & A_1 & A_0 \\
+ & B_1 & B_0 \\
\hline
C_1 & S_1 & S_0
\end{array}
$$

其中 $A_1$、$A_0$ 和 $B_1$、$B_0$ 分别为 2 位二进制数的被加数和加数，$S_1$、$S_0$ 为相加的和数，$C_1$ 为进位数。

（3）组合逻辑电路中的竞争-冒险现象

在组合逻辑电路中，当输入信号改变状态时，由于门电路的延迟时间使输出端产生干扰脉冲的现象叫做竞争冒险。当一个门电路的两个输入信号同时向相反方向变化（由 0、1 变为 1、0 或反之）时就会存在竞争与冒险现象。如图 4-8 所示。

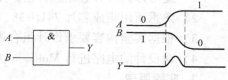

图 4-8 竞争与冒险现象

消除竞争-冒险的方法包括修改逻辑设计，增加冗余项、在电路输出端接入滤波电容、引入封锁脉冲或选通脉冲等。

**4. 实验内容**

（1）设计一个半加器电路

1）根据半加器逻辑功能列出真值表，写出逻辑表达式。

2）画出设计的逻辑电路接线图（注意用 74LS00 和 74LS04 实现）。

3）连接电路并调试，验证所设计的半加器电路是否正确。

输入端 $A$、$B$ 分别接实验箱逻辑开关输出插口，输出端 $S$、$C$ 分别接 LED 发光二极管组成的逻辑电平显示插口，LED 亮为高电平，不亮为低电平。

上述步骤中 1 和 2 要求在实验预习中完成。

（2）设计一个交通灯故障报警电路

交通灯中的红灯用 $R$、黄灯用 $Y$、绿灯用 $G$ 表示，亮为高电平（1），灭为低电平（0）。只有当其中一只亮时为正常（$Z=0$），其余状态均为故障（$Z=1$）。试用最少的门电路、最少的芯片种类实现该交通灯故障报警电路。验证所设计电路是否正确。

（3）观察竞争与冒险现象

用与非门设计一个组合逻辑电路，其功能为：输入信号 $A$、$B$、$C$，输出 $Y$。当控制信号 $C$ 为高电平时，输出等于 $A$，当控制信号 $C$ 为低电平时，输出等于 $B$。

1）写出逻辑表达式，画出逻辑图并连线，测试逻辑功能。

2）取 $A=B=1$，$C$ 接 $f=1\text{MHz}$ 以上连续脉冲（可适当增高其频率），用示波器测试输入、输出信号波形，观察有无冒险现象，记录测试结果。

**5. 实验报告要求**

1）按照实验要求设计实验电路，给出设计过程，画出设计电路图。

2）列出实验结果、波形。

3）给出 Multisim 仿真分析结果。

**6. 思考题**

组合逻辑电路中的竞争与冒险现象是如何产生的？怎样消除？

## 4.3 实验 3 常用中规模集成电路组合逻辑电路设计

### 1. 实验目的
1）熟悉利用中规模数字集成电路设计组合逻辑电路的方法。
2）熟悉集成译码器和数据选择器的逻辑功能。
3）掌握译码器和数据选择器的设计方法。

### 2. 预习要求
1）复习译码器和数据选择器的工作原理。
2）熟悉所用集成芯片 74LS138、74151 和 74LS20 的引脚图及逻辑功能。
3）根据实验内容要求设计组合逻辑电路，画出实验逻辑图。
4）对设计的电路进行 Multisim 仿真，验证其功能。

### 3. 实验原理
常用中规模集成电路（MSI）组合逻辑电路包括编码器、译码器、数据选择器、数值比较器和加法器等。用 MSI 实现组合逻辑电路比较方便。与 SSI 组合逻辑电路设计方法不完全相同，中规模集成电路大部分是多输入、多输出的逻辑电路，其输出与输入信号间有固定的函数关系，不能改变，因此设计时要熟悉 MSI 性能及各引脚的功能并灵活应用。

（1）译码器
译码器主要有二进制译码器、二—十进制译码器和显示译码器。二进制译码器和二—十进制译码器又称为变量译码器和码制变换译码器。译码器不仅用于代码的转换、终端的数字显示，还可用于数据分配、存储器寻址及实现组合逻辑函数等。

二进制译码器有 $n$ 个输入，$2^n$ 个输出，输出端通过唯一的一个位置（或高电平或低电平）来区分输入代码。常用的二进制译码器有 2-4 译码器、3-8 译码器和 4-16 译码器等。图 4-9 和表 4-3 分别是 3-8 译码器 74LS138 的引脚排列和功能表。

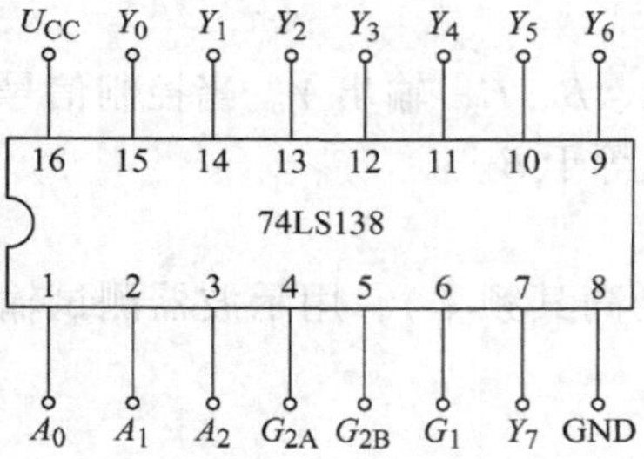

图 4-9　74LS138 引脚排列

表 4-3　74LS138 功能表

| 输入 | | | | | | 输出 | | | | | | | |
|---|---|---|---|---|---|---|---|---|---|---|---|---|---|
| $G_1$ | $G_{2A}$ | $G_{2B}$ | $A_2$ | $A_1$ | $A_0$ | $Y_0$ | $Y_1$ | $Y_2$ | $Y_3$ | $Y_4$ | $Y_5$ | $Y_6$ | $Y_7$ |
| X | 1 | X | X | X | X | 1 | 1 | 1 | 1 | 1 | 1 | 1 | 1 |
| X | X | 1 | X | X | X | 1 | 1 | 1 | 1 | 1 | 1 | 1 | 1 |
| 0 | X | X | X | X | X | 1 | 1 | 1 | 1 | 1 | 1 | 1 | 1 |
| 1 | 0 | 0 | 0 | 0 | 0 | 0 | 1 | 1 | 1 | 1 | 1 | 1 | 1 |
| 1 | 0 | 0 | 0 | 0 | 1 | 1 | 0 | 1 | 1 | 1 | 1 | 1 | 1 |
| 1 | 0 | 0 | 0 | 1 | 0 | 1 | 1 | 0 | 1 | 1 | 1 | 1 | 1 |
| 1 | 0 | 0 | 0 | 1 | 1 | 1 | 1 | 1 | 0 | 1 | 1 | 1 | 1 |
| 1 | 0 | 0 | 1 | 0 | 0 | 1 | 1 | 1 | 1 | 0 | 1 | 1 | 1 |
| 1 | 0 | 0 | 1 | 0 | 1 | 1 | 1 | 1 | 1 | 1 | 0 | 1 | 1 |
| 1 | 0 | 0 | 1 | 1 | 0 | 1 | 1 | 1 | 1 | 1 | 1 | 0 | 1 |
| 1 | 0 | 0 | 1 | 1 | 1 | 1 | 1 | 1 | 1 | 1 | 1 | 1 | 0 |

$A_2$、$A_1$、$A_0$ 为译码输入端，$G_1$、$G_{2A}$ 和 $G_{2B}$ 为使能输入端，使能 $EN = G_1 \overline{G_{2A}} \overline{G_{2B}}$。当 $G_1 = 1$、$G_{2A} = G_{2B} = 0$ 时，使能输入 $EN = 1$，译码器开始译码；若 $EN = 0$，则禁止译码，输出均为 1。二进制编码 $0 \sim 7$ 依次对应 8 个输出端 $Y_0 \sim Y_7$，低电平有效。译码状态下，相应输出端为

0；禁止译码状态下，输出端均为1。

由功能表可得

$$\overline{Y_i} = G_1\,\overline{G_{2A}}\,\overline{G_{2B}}\,m_i$$

$$Y_i = \overline{G_1\,\overline{G_{2A}}\,\overline{G_{2B}}\,m_i}$$

其中 $m_i$ 为译码输入 $A_2$、$A_1$、$A_0$ 三变量的最小项，$i=0,\ 1\cdots7$。

当 $G_1=1$、$G_{2A}=G_{2B}=0$ 时，有

$$\overline{Y_0} = \overline{A_2}\,\overline{A_1}\,\overline{A_0}$$

$$Y_0 = \overline{\overline{A_2}\,\overline{A_1}\,\overline{A_0}}$$

$$\vdots$$

$$Y_7 = \overline{A_2 A_1 A_0}$$

由功能表可以看出，若利用使能输入端中的一个作为数据输入端，其他仍为使能输入端，如 $G_{2A}$ 作为数据输入 $D$，则有 $Y_i = \overline{G_1\,\overline{G_{2A}}\,\overline{G_{2B}}\,m_i} = \overline{Dm_i}$，这时二进制译码器可以作为数据分配器，如图4-10所示。如果数据输入端输入时钟脉冲，则译码器成为时钟脉冲分配器。

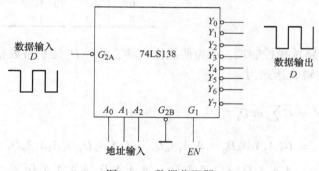

图4-10　数据分配器

利用译码器可以方便地实现组合逻辑函数。例如，已知逻辑函数 $L = \overline{X}\,\overline{Y}\,\overline{Z} + X\,\overline{Y}\,\overline{Z} + XY\overline{Z} = \overline{Y_0} + \overline{Y_4} + \overline{Y_6} = \overline{Y_0 Y_4 Y_6}$，用译码器74LS138以及与非门74LS20实现电路，如图4-11所示。图4-12为4输入二与非门74LS20的引脚排列。

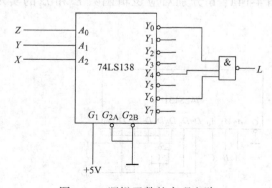

图4-11　逻辑函数的实现电路

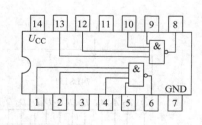

图4-12　4输入二与非门74LS20引脚排列

（2）数据选择器

数据选择器是一个多数入、单输出的组合逻辑电路，其功能是在选择控制端的控制下，

在多路通道中选择其中的某一路作为输出。数据选择器也被称为多路开关。数据选择器是逻辑设计中应用十分广泛的逻辑部件。常用的数据选择器有 2 选 1、4 选 1、8 选 1 和 16 选 1 等。

74LS151 是互补输出的 8 选 1 数据选择器，其引脚排列和功能表分别如图 4-13、表 4-4 所示。

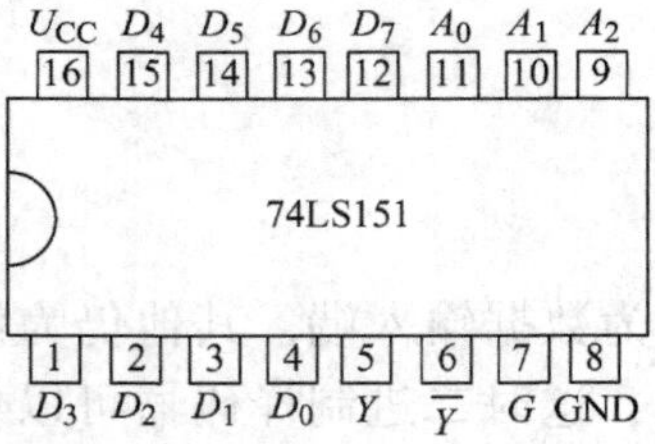

表 4-4  74LS151 功能表

| 输　　入 | | | | 输　　出 | |
|---|---|---|---|---|---|
| 使能 | 地 址 选 择 | | | $Y$ | $\overline{Y}$ |
| $G$ | $A_2$ | $A_1$ | $A_0$ | | |
| 1 | × | × | × | 0 | 1 |
| 0 | 0 | 0 | 0 | $D_0$ | $\overline{D_0}$ |
| 0 | 0 | 0 | 1 | $D_1$ | $\overline{D_1}$ |
| 0 | 0 | 1 | 0 | $D_2$ | $\overline{D_2}$ |
| 0 | 0 | 1 | 1 | $D_3$ | $\overline{D_3}$ |
| 0 | 1 | 0 | 0 | $D_4$ | $\overline{D_4}$ |
| 0 | 1 | 0 | 1 | $D_5$ | $\overline{D_5}$ |
| 0 | 1 | 1 | 0 | $D_6$ | $\overline{D_6}$ |
| 0 | 1 | 1 | 1 | $D_7$ | $\overline{D_7}$ |

图 4-13　74LS151 引脚排列

$A_2$、$A_1$、$A_0$ 为 3 路选择控制端，$G$ 为使能输入端，$D_0 \sim D_7$ 是 8 路数据输入端，$Y$ 和 $\overline{Y}$ 为两个互补输出端，逻辑表达式为

$$Y = \overline{G} \sum_{i=0}^{3} m_i D_i$$

$$= \overline{G}(\overline{A_2}\,\overline{A_1}\,\overline{A_0}D_0 + \overline{A_2}\,\overline{A_1}A_0 D_1 + \overline{A_2}A_1\overline{A_0}D_2 + \overline{A_2}A_1 A_0 D_3 +$$
$$A_2\overline{A_1}\,\overline{A_0}D_4 + A_2\overline{A_1}A_0 D_5 + A_2 A_1\overline{A_0}D_6 + A_2 A_1 A_0 D_7)$$

当使能输入 $G = 1$ 时，数据选择被禁止，输出低电平，$Y = 0$。当 $G = 0$ 时，数据选择器工作，根据选择控制端 $A_2$、$A_1$、$A_0$ 的状态选择 $D_0 \sim D_7$ 中的一个数据并传送到输出端。

数据选择器还能够实现多路信号的分时传输、数据的并-串转换和构成逻辑函数等功能。

数据选择器能够方便地实现逻辑函数。图 4-14a、b 分别对应逻辑函数 $L_1$ 和 $L_2$ 的实现电路。

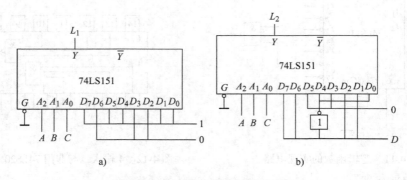

图 4-14　逻辑函数的实现电路

a) $L_1$ 的实现电路　b) $L_2$ 的实现电路

$$L_1 = \overline{B} + AC$$

$$L_2 = L(A,B,C,D) = \sum m(0,3,5,8,13,15)$$

**4. 实验内容**

（1）测试 74LS138 和 74LS151 芯片的逻辑功能

输入端、使能输入端接实验箱的逻辑开关输出插口，输出接逻辑电平显示插口。按照功能表测试逻辑功能，并列表记录测试结果。

（2）用译码器实现逻辑函数

用译码器 74LS138 和与非门 74LS20 实现逻辑函数 $L = \overline{A}BC + A\,\overline{B}C + AB$。

连接所设计的电路，测试其功能并记录。

（3）用数据选择器设计一密码电子锁

要求：有一密码电子锁，锁上有 4 个锁孔 $A$、$B$、$C$、$D$，按下为 1，否则为 0。当按下 $A$ 和 $B$、或 $A$ 和 $D$、或 $B$ 和 $D$ 时，锁即打开。若按错了键孔，锁打不开，并发出报警信号，有报警时为 1（蜂鸣器报警），无报警时为 0。列出真值表，写出逻辑表达式，并用数据选择器 74LS151（可增加适当的门电路）实现。

连接所设计的电路，测试其功能并记录。

（4）用数据选择器 74LS151 和译码器 74LS138（作为数据分配器）设计一个数据传输电路功能为：在 3 位通道选择信号的控制下，将并行的 8 路数据 $D_0 \sim D_7$ 变为串行数据发送到单传输线上，通过地址同步，接收端再将串行的数据变为并行数据分别送到 8 个输出通道 $Y_0 \sim Y_7$ 中相对应的输出端。当选择信号为 000 时，将 $D_0$ 的数据传至 $Y_0$，当地址为 001 时，将 $D_1$ 的数据传至 $Y_1$，依次类推。图 4-15 为其数据传输示意图。

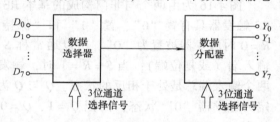

图 4-15　数据传输示意图

连接所设计的数据传输电路。将 0、1 电平以及低频 TTL 脉冲信号（频率以眼睛能分辨 LED 闪烁为准）分别接到 74LS151 的 $D_0 \sim D_7$ 端，将选择控制端 $A_2$、$A_1$、$A_0$ 接逻辑开关。当 $A_2$、$A_1$、$A_0$ 由 000 到 111 变化时，对应一组地址，通过 LED 观察 74LS138 的输出 $Y_0 \sim Y_7$ 的状态。列表记录测试结果，得出相应结论。

**5. 实验报告要求**

1）写出设计步骤，画出设计电路图。

2）整理实验数据，并与设计要求相对比。

3）记录实验中出现的问题以及解决方法。

**6. 思考题**

1）与小规模集成电路设计比较，用中规模集成电路设计组合逻辑电路的特点是什么？

2）用数据选择器 74LS151 实现密码电子锁，考虑其带载能力是否可以驱动蜂鸣器报警？

# 4.4　实验 4　触发器及其应用

**1. 实验目的**

1）掌握 D 触发器和 JK 触发器的逻辑功能和触发方式。

2）掌握触发器的测试及使用方法。

3）学习使用触发器构成简单时序逻辑电路的方法。

4）熟悉使用示波器观测时序逻辑电路波形的方法。

**2. 预习要求**

1）熟悉 D 触发器 74LS175、JK 触发器 74LS112 集成芯片的引脚功能。

2）拟出各触发器功能测试表格。

3）根据实验内容要求设计 4 位循环移位寄存器，画出实验逻辑图。

4）对设计电路进行 Multisim 仿真，验证其功能。

**3. 实验原理**

触发器是一个能够存储一位二进制信息的基本单元。触发器具有两个稳定状态，分别用来表示逻辑 "0" 和逻辑 "1"。在一定的外界信号作用下，可以从一个稳定状态翻转到另一个稳定状态，在输入信号取消后，能将获得的新状态保存下来。触发器是构成时序电路的主要元件。

触发器有不同类型。按触发方式分，有电位触发方式、主从触发方式及边沿触发方式；按逻辑功能分，有 R-S 触发器、D 触发器、J-K 触发器和 T 触发器等。

（1）基本 RS 触发器

图 4-16 为由两个与非门构成的基本 RS 触发器。它是低电平直接触发的触发器。基本 RS 触发器具有置 "0"、置 "1" 和 "保持" 3 种功能。因为 $S = 0$ 时触发器被置 "1"，$R = 0$ 时触发器被置为 "0"，所以通常称 $S$ 为置 "1" 输入端（或置位端），$R$ 为置 "0" 输入端（或复位端）；当 $S = R = 1$ 时，触发器状态 "保持" 不变。正常工作时触发器的两个输入端总是处于相反的状态。$Q$ 与 $\overline{Q}$ 为两个互补输出端。通常把 $Q = 0$、$\overline{Q} = 1$ 的状态定为触发器 "0" 状态；而把 $Q = 1$、$\overline{Q} = 0$ 定为 "1" 状态。表 4-5 为基本 RS 触发器功能表。

**表 4-5　基本 RS 触发器功能表**

| 输 | 入 | 输 | 出 |
|---|---|---|---|
| $S$ | $R$ | $Q$ | |
| 1 | 0 | 0 | |
| 0 | 1 | 1 | |
| 1 | 1 | 保持 | |
| 0 | 0 | 不定 | |

图 4-16　基本 RS 触发器

基本 RS 触发器也可以用两个或非门组成，此时为高电平触发有效。基本 RS 触发器是其他触发器的基础。

（2）JK 触发器

JK 触发器是一种功能完善、使用灵活、通用性较强的触发器。在时钟脉冲 $CP$ 的作用下，JK 触发器具有置 "0"、置 "1"、"保持" 和计数翻转 4 种功能，其功能见表 4-6。JK 触发器的状态方程为

$$Q^{n+1} = J\,\overline{Q}^n + \overline{K}Q^n$$

表 4-6　JK 触发器功能表

| $J$ | $K$ | $Q^{n+1}$ | 功　能 |
|---|---|---|---|
| 0 | 0 | $Q^n$ | 保持 |
| 0 | 1 | 0 | 置0 |
| 1 | 0 | 1 | 置1 |
| 1 | 1 | $\overline{Q^n}$ | 翻转 |

$J$ 和 $K$ 是数据输入端。在时钟脉冲 $CP$ 的作用下，$J = K = 0$，触发器保持；$J = K = 1$，触发器计数翻转；$J \neq K$，触发器按照 $J$ 的状态改变。

本实验采用 74LS112 双 JK 触发器，是下降沿触发的边沿触发器。其引脚排列及逻辑符号如图 4-17 所示，表 4-7 是其功能表，其中 $R_D$、$S_D$ 是直接复位、置位端。

将 JK 触发器的 $J$ 端和 $K$ 端连接在一起，即 $J = K = T$，则构成 T 触发器。

表 4-7　74LS112 功能表

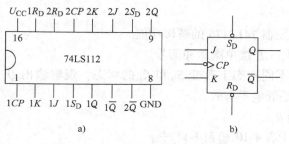

图 4-17　74LS112 引脚排列及逻辑符号

a) 引脚排列　b) 逻辑符号

| 输　　入 | | | | | 输　　出 | |
|---|---|---|---|---|---|---|
| $S_D$ | $R_D$ | $CP$ | $J$ | $K$ | $Q^{n+1}$ | 功　能 |
| 0 | 1 | × | × | × | 1 | 异步置1 |
| 1 | 0 | × | × | × | 0 | 异步置0 |
| 0 | 0 | × | × | × | 不是 | 不允许状态 |
| 1 | 1 | 1 | 0 | 0 | $Q^n$ | 保持 |
| 1 | 1 | 1 | 0 | 1 | 0 | 置0 |
| 1 | 1 | 1 | 1 | 0 | 1 | 置1 |
| 1 | 1 | 1 | 1 | 1 | $\overline{Q^n}$ | 翻转 |
| 1 | 1 | 1 | × | × | $Q^n$ | 保持 |

（3）D 触发器

D 触发器也是一种应用很广的触发器，可实现信号寄存、移位寄存、分频和波形发生等功能。D 触发器一般为上升沿触发的边沿触发器，触发器的状态只取决于 $CP$ 脉冲上升沿到达前 $D$ 端的状态，具有置 "0" 和置 "1" 的功能。其功能见表 4-8。状态方程为

表 4-8　D 触发器功能表

| $D$ | $Q^{n+1}$ | 功能 |
|---|---|---|
| 0 | 0 | 置0 |
| 1 | 1 | 置1 |

$$Q^{n+1} = D$$

本实验采用 74LS175，含 4 个 D 触发器，$CP$ 脉冲上升沿触发。逻辑符号及引脚排列如图 4-18 所示，表 4-9 是其功能表。时钟 $CP$ 和清零端 $R_D$ 是 4 个 D 触发器的共用端。$R_D$ 直接清零，低电平有效。

表 4-9　74LS175 功能表

| 清零 | 时钟 | 输　　入 | | | | 输　　出 | | | | 工 作 模 式 |
|---|---|---|---|---|---|---|---|---|---|---|
| $R_D$ | $CP$ | $D_0$ | $D_1$ | $D_2$ | $D_3$ | $Q_0$ | $Q_1$ | $Q_2$ | $Q_3$ | |
| 0 | × | × | × | × | × | 0 | 0 | 0 | 0 | 异步清零 |
| 1 | ↑ | $D_0$ | $D_1$ | $D_2$ | $D_3$ | $D_0$ | $D_1$ | $D_2$ | $D_3$ | 数码寄存 |
| 1 | 1 | × | × | × | × | 保持 | | | | 数据保持 |
| 1 | 0 | × | × | × | × | 保持 | | | | 数据保持 |

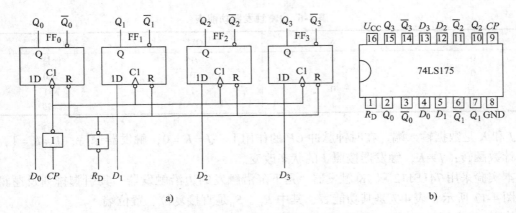

图 4-18　74LS175 逻辑图及引脚排列

a）逻辑图　b）引脚排列

#### 4. 实验内容

（1）分别测试 JK 触发器 74LS112 和 D 触发器 74LS175 的逻辑功能

输入端接逻辑开关，输出端接发光二极管，$CP$ 接单次脉冲信号。

1）异步置位及复位功能的测试。在两种不同初态下改变 $S_D$ 和 $R_D$ 的状态，观察输出 $Q$ 和 $\overline{Q}$，同时注意观察 $S_D$ 和 $R_D$ 是高电平有效还是低电平有效。

注意：D 触发器 74LS175 只有异步复位端 $R_D$。

2）逻辑功能的测试。测试结果分别记录于表 4-10 和表 4-11 中。

测试时注意：$S_D$ 和 $R_D$ 接高电平；体会边沿触发特性。观察输出状态的改变是否发生在 $CP$ 的边沿（上升沿还是下降沿）。

表 4-10　JK 触发器功能测试

| 输　入 | | | | | 输　出 $Q^{n+1}$ | |
| --- | --- | --- | --- | --- | --- | --- |
| $S_D$ | $R_D$ | $J$ | $K$ | $CP$ | $Q^n = 0$ | $Q^n = 1$ |
| 1 | 0 | × | × | × | | |
| 0 | 1 | × | × | × | | |
| 1 | 1 | × | × | × | | |
| | | 0 | 0 | ↓ | | |
| | | 0 | 1 | ↓ | | |
| | | 1 | 0 | ↓ | | |
| | | 1 | 1 | ↓ | | |

表 4-11　D 触发器功能测试

| $R_D$ | $D$ | $CP$ | $Q^{n+1}$ | |
| --- | --- | --- | --- | --- |
| | | | $Q^n = 0$ | $Q^n = 1$ |
| 0 | × | × | | |
| 1 | 0 | ↑ | | |
| | | ↓ | | |
| 1 | 1 | ↑ | | |
| | | ↓ | | |

（2）使用 74LS112 实现 2 分频器和 4 分频器

使用 2 个 JK 触发器连接在一起构成 2 分频器和 4 分频器。第一个 JK 触发器转换为 $T'$ 触发器，即 $J = K = 1$，第二个 JK 触发器转换为 T 触发器，即 $J$ 和 $K$ 端接在一起，连接到第一个 JK 触发器的 $Q$ 端。时钟输入 $CP$ 为 1kHz 方波。

画出实验电路并连接。用示波器分别观察和记录 $CP$、$Q_1$ 和 $Q_2$ 的波形，标出幅值和周期，分析输入和输出波形频率关系，理解分频的概念。

（3）使用 D 触发器 74LS175 和少量门实现 4 人抢答电路

具体要求如下：

1）设置一主持人开关和 4 个抢答人开关。

2）在限定时间内，一人抢答成功后，对应的发光二极管点亮，同时封锁其余 3 人的动作，即其他人再抢答无效。

3）主持人开关可清除其他信号，即熄灭指示灯并解除封锁。

用 D 触发器 74LS175 等电路实现。调试电路，观察实验结果。

图 4-19 所示是 4 人抢答参考电路。

**5. 实验报告要求**

1）画出实验电路图，分析实验原理。

2）整理实验数据，分析不同触发器的逻辑功能和触发方式。

3）画出时序图，标出幅值和周期，说明分频器概念。

**6. 思考题**

1）如何用 JK 触发器构成 D 触发器？

2）4 人抢答电路存在什么问题？如果两位抢答者抢答时间间隔小于 1ms，电路能否正常工作？如何改进？

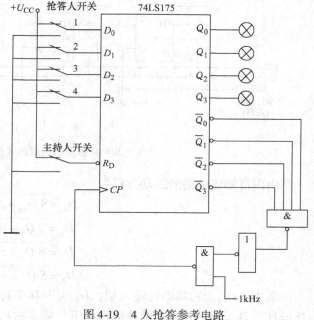

图 4-19　4 人抢答参考电路

## 4.5　实验 5　移位寄存器及其应用

**1. 实验目的**

1）掌握移位寄存器的逻辑功能和使用方法。

2）加深理解移位寄存器的工作原理。

3）了解移位寄存器的主要应用。

4）进一步熟悉用示波器观测时序逻辑电路多个波形的方法。

**2. 预习要求**

1）了解移位寄存器 74LS194 集成芯片的引脚功能。

2）根据实验内容要求设计实验电路，画出实验逻辑图。

3）对自行设计的 4 路彩灯循环电路进行 Multisim 仿真，验证其功能。测量 74LS194 输入和输出的时序波形图，理解分频器、计数器及移位寄存器的功能及应用。

**3. 实验原理**

移位寄存器是实现移位和寄存功能的逻辑部件。移位寄存器不但可以寄存数据，而且在移位脉冲的作用下，寄存器中的数据可根据需要向左或向右移动。移位寄存器在数字系统和计算机中应用十分广泛。

（1）移位寄存器

图 4-20 所示电路为 D 触发器构成的双向移位寄存器。

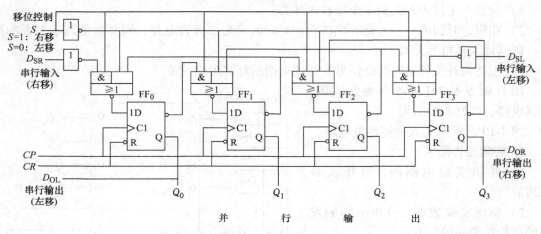

图 4-20　D 触发器组成的 4 位双向移位寄存器

由图可知该电路的驱动方程为

$$D_0 = \overline{S\,\overline{D_{SR}} + \overline{S}\,\overline{Q_1}}$$

$$D_1 = \overline{S\,\overline{Q_0} + \overline{S}\,\overline{Q_2}}$$

$$D_2 = \overline{S\,\overline{Q_1} + \overline{S}\,\overline{Q_3}}$$

$$D_3 = \overline{S\,\overline{Q_2} + \overline{S}\,\overline{D_{SL}}}$$

其中，$D_{SR}$ 为右移串行输入端，$D_{SL}$ 为左移串行输入端。当 $S = 1$ 时，$D_0 = D_{SR}$、$D_1 = Q_0$、$D_2 = Q_1$、$D_3 = Q_2$，在 $CP$ 脉冲的作用下，实现右移操作；当 $S = 0$ 时，$D_0 = Q_1$、$D_1 = Q_2$、$D_2 = Q_3$、$D_3 = D_{SL}$，在 $CP$ 脉冲的作用下，实现左移操作。

（2）中规模集成移位寄存器 74LS194

74LS194 是具有并行置数、串行输入、并行输出、左移和右移等功能的中规模集成移位寄存器，最高时钟频率为 36MHz。74LS194 逻辑功能示意图和引脚排列如图 4-21 所示，功能表如表 4-12 所示。

表 4-12　74LS194 的功能表

| 输　　入 | | | | | | | | | | | 输　　出 | | | | 功　　能 |
|---|---|---|---|---|---|---|---|---|---|---|---|---|---|---|---|
| 清零 | 控制 | | 串行输入 | | 时钟 | 并行输入 | | | | | 输出 | | | | |
| $R_D$ | $S_1$ | $S_0$ | $D_{SL}$ | $D_{SR}$ | $CP$ | $D_0$ | $D_1$ | $D_2$ | $D_3$ | | $Q_0$ | $Q_1$ | $Q_2$ | $Q_3$ | |
| 0 | × | × | × | × | × | × | × | × | × | | 0 | 0 | 0 | 0 | 异步清零 |

（续）

| 输　入 | | | | | | | | | | | | | 输　出 | | | | 功　能 |
|---|---|---|---|---|---|---|---|---|---|---|---|---|---|---|---|---|---|
| 清零 | 控制 | | 串行输入 | | 时钟 | 并行输入 | | | | 输　出 | | | | | | | 功　能 |
| $R_D$ | $S_1$ | $S_0$ | $D_{SL}$ | $D_{SR}$ | $CP$ | $D_0$ | $D_1$ | $D_2$ | $D_3$ | $Q_0$ | $Q_1$ | $Q_2$ | $Q_3$ | | | | |
| 1 | × | × | × | × | 0 | × | × | × | × | $Q_0^n$ | $Q_1^n$ | $Q_2^n$ | $Q_3^n$ | | | | 保持 |
| 1 | 1 | 1 | × | × | ↑ | $D_0$ | $D_1$ | $D_2$ | $D_3$ | $D_0$ | $D_1$ | $D_2$ | $D_3$ | | | | 并行置数 |
| 1 | 0 | 1 | × | 1 | ↑ | × | × | × | × | 1 | $Q_0^n$ | $Q_1^n$ | $Q_2^n$ | | | | 右移，$D_{SR}$ 为串行输 |
| 1 | 0 | 1 | × | 0 | ↑ | × | × | × | × | 0 | $Q_0^n$ | $Q_1^n$ | $Q_2^n$ | | | | 入，$Q_3$ 为串行输出 |
| 1 | 1 | 0 | 1 | × | ↑ | × | × | × | × | $Q_1^n$ | $Q_2^n$ | $Q_3^n$ | 1 | | | | 左移，$D_{SL}$ 为串行输 |
| 1 | 1 | 0 | 0 | × | ↑ | × | × | × | × | $Q_1^n$ | $Q_2^n$ | $Q_3^n$ | 0 | | | | 入，$Q_0$ 为串行输出 |
| 1 | 0 | 0 | × | × | × | × | × | × | × | $Q_0^n$ | $Q_1^n$ | $Q_2^n$ | $Q_3^n$ | | | | 保持 |

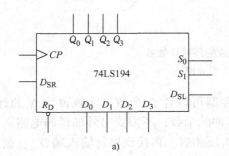
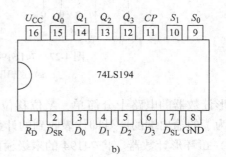

图 4-21　集成移位寄存器 74LS194

a）逻辑功能示意图　b）引脚排列

$D_{SL}$ 和 $D_{SR}$ 分别是左移和右移串行输入端。$D_0$、$D_1$、$D_2$、$D_3$ 是并行输入端。$Q_0$ 和 $Q_3$ 分别是左移和右移时的串行输出端，$Q_0$、$Q_1$、$Q_2$、$Q_3$ 为并行输出端。

由表 4-12 可以看出 74LS194 具有如下功能：

1）异步清零。当 $R_D = 0$ 时寄存器输出 $Q_0 \sim Q_3$ 即刻清零，与其他输入状态及 $CP$ 无关。

2）$S_1$、$S_0$ 为控制输入端。当 $R_D = 1$ 时 74LS194 有如下 4 种功能：

（a）保持。当 $S_1 S_0 = 00$ 时，不论有无 $CP$ 到来，各触发器状态不变，为保持功能。

（b）右移。当 $S_1 S_0 = 01$ 时，在 $CP$ 的上升沿作用下，实现右移功能，流向是 $D_{SR} \rightarrow Q_0 \rightarrow Q_1 \rightarrow Q_2 \rightarrow Q_3$。

（c）左移。当 $S_1 S_0 = 10$ 时，在 $CP$ 的上升沿作用下，实现左移功能，流向是 $D_{SL} \rightarrow Q_3 \rightarrow Q_2 \rightarrow Q_1 \rightarrow Q_0$。

（d）并行置数。当 $S_1 S_0 = 11$ 时，在 $CP$ 的上升沿作用下，实现置数功能：$D_0 \rightarrow Q_0$，$D_1 \rightarrow Q_1$，$D_2 \rightarrow Q_2$，$D_3 \rightarrow Q_3$。

（3）移位寄存器的应用

移位寄存器除了作数据寄存器外，还可以实现数字信号串/并行工作方式转换、构成移位寄存器型计数器等功能。

1）移位寄存器型计数器

（a）环形计数器。用 74LS194 可实现循环一个 1 和循环一个 0 两种计数方式。图 4-22 为由 74LS194 构成的基本右移环形计数器的逻辑图和状态图，该电路为循环一个 1（置数输

入端 $D_0 \sim D_3$ 只置入一个 1，其它为 0）的计数方式。图中，当正脉冲启动信号 START 到来时，使 $S_1 S_0 = 11$，在 $CP$ 作用下执行置数操作使 $Q_0 Q_1 Q_2 Q_3 = 1000$。当 START 由 1 变 0 之后，$S_1 S_0 = 01$，在 $CP$ 作用下移位寄存器进行右移操作。在第四个 $CP$ 到来之前 $Q_0 Q_1 Q_2 Q_3 = 0001$。这样在第四个 $CP$ 到来时，由于 $D_{SR} = Q_3 = 1$，故在此 $CP$ 作用下 $Q_0 Q_1 Q_2 Q_3 = 1000$。可见该计数器为模是 4 的计数器。

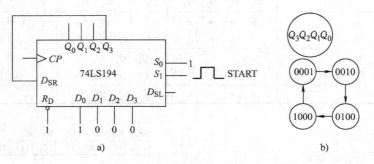

图 4-22    74LS194 构成的环形计数器
a）逻辑图    b）状态图

环形计数器的电路十分简单，$N$ 位移位寄存器可以计 $N$ 个数，实现模为 $N$ 的计数器，且状态为 1 的输出端的序号即代表收到的计数脉冲的个数，不需要另外加译码电路。

（b）扭环形计数器。将 74194 的末级输出 $Q_3$ 反相后，再接到串行输入端 $D_{SR}$，就构成了扭环形计数器，如图 4-23a 所示，图 b 为其状态图。由图 b 可见该电路有 8 个计数状态，为模是 8 的计数器。一般来说，$N$ 位移位寄存器可以组成模为 $2N$ 的扭环形计数器，只需将末级输出反相后，再接到串行输入端。扭环形计数器相邻两状态之间只有一位代码发生变化，因此计数器输出所驱动的组合电路不会产生竞争-冒险。

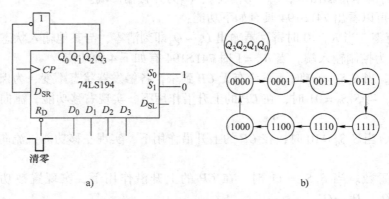

图 4-23    用 74194 构成的扭环形计数器
a）逻辑图    b）状态图

2）移位寄存器型计数器的自启动问题

环形计数器和扭环形计数器反馈逻辑简单，但电路不能自启动。为了实现自启动，可以利用预置功能实现自启动，也可以通过修改反馈逻辑实现。

图 4-22 所示的环形计数器中，能实现自启动且循环一个 1 的反馈逻辑为

$$D_{SR} = \overline{Q_0 Q_1 Q_2}$$

环形计数器能实现自启动且循环一个 0 的反馈逻辑为

$$D_{SR} = \overline{Q_0 + Q_1 + Q_2} = \overline{Q_0}\,\overline{Q_1}\,\overline{Q_2}$$

图 4-23 所示的扭环形计数器中，能实现自启动的反馈逻辑为

$$D_{SR} = \overline{\overline{Q_1}\,\overline{Q_2}\,Q_3}$$

3）移位寄存器构成顺序脉冲发生器

环形计数器就是一个顺序脉冲发生器。图 4-24 为步进电动机数字控制电路，由多谐振荡器、环形脉冲分配器和功率放大器组成，其中移位寄存器构成的环形计数器实现环形脉冲分配功能，其输出 $Q_0$、$Q_1$、$Q_2$ 端分别给电动机的 A、B、C 相输送脉冲信号。电动机采用三相单三拍工作模式，电动机绕组 A、B、C 相通电状态的转换关系如表 4-13 所示。触发器输出的脉冲信号经功率管放大驱动步进电动机。$VD_1 \sim VD_3$ 为续流二极管。

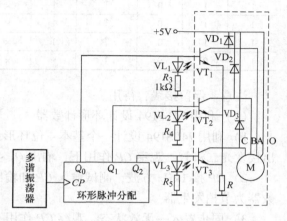

图 4-24　步进电动机数字控制电路原理框图

表 4-13　三相单三拍分配方式真值表

| 正转脉冲序号 | A | B | C |
|---|---|---|---|
| 0 | 1 | 0 | 0 |
| 1 | 0 | 1 | 0 |
| 2 | 0 | 0 | 1 |
| 3 | 1 | 0 | 0 |

**4. 实验内容**

（1）74LS194 逻辑功能测试

参照表 4-12，测试 74LS194 的逻辑功能。$R_D$、$S_1$、$S_0$、$D_{SL}$、$D_{SR}$、$D_0$、$D_1$、$D_2$、$D_3$ 分别接逻辑开关，$Q_0$、$Q_1$、$Q_2$、$Q_3$ 接电平指示 LED，$CP$ 接单次脉冲源。测试结果记录于表 4-14。

测试中注意观察寄存器输出状态变化是否发生在 $CP$ 脉冲的上升沿。进一步理解同步和异步触发的概念。

表 4-14　74LS194 逻辑功能测试

| 清除 | 模 | 式 | 时　钟 | 串 | 行 | 输　入 | 输　出 | 功 能 总 结 |
|---|---|---|---|---|---|---|---|---|
| $R_D$ | $S_1$ | $S_0$ | $CP$ | $D_{SL}$ | $D_{SR}$ | $D_0 D_1 D_2 D_3$ | $Q_0 Q_1 Q_2 Q_3$ | |
| 0 | × | × | × | × | × | × × × × | | |
| 1 | 1 | 1 | ↑ | × | × | 0101 | | |
| 1 | 0 | 1 | ↑ | × | 0 | × × × × | | |
| 1 | 0 | 1 | ↑ | × | 1 | × × × × | | |
| 1 | 0 | 1 | ↑ | × | 0 | × × × × | | |
| 1 | 0 | 1 | ↑ | × | 0 | × × × × | | |

（续）

| 清除 | 模 式 | | 时 钟 | 串 行 | 输 入 | | 输 出 | 功能总结 |
|---|---|---|---|---|---|---|---|---|
| $R_D$ | $S_1$ | $S_0$ | $CP$ | $D_{SL}$ | $D_{SR}$ | $D_0 D_1 D_2 D_3$ | $Q_0 Q_1 Q_2 Q_3$ | |
| 1 | 1 | 0 | ↑ | 1 | × | × × × × | | |
| 1 | 1 | 0 | ↑ | 1 | × | × × × × | | |
| 1 | 1 | 0 | ↑ | 1 | × | × × × × | | |
| 1 | 1 | 0 | ↑ | 1 | × | × × × × | | |
| 1 | 0 | 0 | ↑ | × | × | × × × × | | |

注意：保留接线，待用。

（2）利用 74LS194 设计环形计数器

1）利用 74LS194 设计一个基本 4 位环形计数器。数据输入端 $D_0 \sim D_3$ 置入数据 0100，输出接发光二极管。观察 $CP$ 作用下，输出 $Q_0 \sim Q_3$ 数据的循环过程。记录实验结果。

2）$CP$ 接 1kHz 方波，测试输入 $CP$ 和输出 $Q_0 \sim Q_3$ 的同步波形图。从波形图说明环形计数器为节拍发生器。

3）同步置入一无效状态，观察 $CP$ 作用下，输出 $Q_0 \sim Q_3$ 无效状态循环的状态转换过程并记录。

4）修改反馈逻辑，使电路能够自启动。连接电路，检查自启动功能，记录实验结果。

（3）设计一个 4 路彩灯循环电路

1）利用 74LS194 和 74LS112 构成 4 彩灯循环电路，彩灯显示由 3 个节拍共 3 个花型（亮灯顺序）组成。彩灯状态表见表 4-15。设 $CP$ 时钟脉冲频率为 1Hz，则每个节拍时间为 4s，3 个花型循环一次用时共 12s。

表 4-15　4 路彩灯输出状态转换表

| 节 拍 脉 冲 | 花型（$Q_0$　$Q_1$　$Q_2$　$Q_3$） |
|---|---|
| 1 | 1000→1100→1110→1111 |
| 2 | 1110→1100→1000→0000 |
| 3 | 1111→0000→1111→0000 |

实验参考电路框图如图 4-25 所示。分频器可由 JK 触发器 74LS112（或 D 触发器）构成。3 进制计数器可由 JK 触发器 74LS112（或计数器 74LS161）设计实现，其状态转换为 01→10→11→01…，使 74LS194 依次实现右移、左移、置数功能。

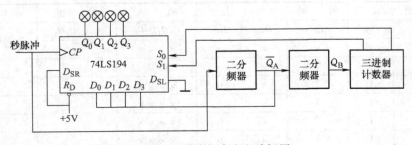

图 4-25　4 路彩灯参考电路框图

2）连接所设计的电路，$CP$ 接 1Hz 或单拍脉冲，输出接发光二极管（LED）。观察 LED 显示结果。

3）将 1Hz 方波脉冲改为 1kHz 方波，使用示波器观察并记录 $CP$、$\overline{Q_A}$、$S_0$、$S_1$ 以及 $Q_0 \sim Q_3$ 的波形，比较它们之间的时序关系。

### 5. 实验报告要求

1）根据实验要求设计电路，写出设计过程，画出实验电路图。

2）整理、记录和分析实验测得的功能表、状态表和时序图等实验数据。

3）记录实验中出现的问题以及解决方法。

4）将实验结果与 Multisim 仿真结果比较，总结时序关系。

### 6. 思考题

4 路彩灯循环电路中分频器、计数器和移位寄存器的输出波形的翻转哪些是发生在 $CP$ 的上升沿？哪些是发生在下降沿？

## 4.6  实验 6  计数器及其应用

### 1. 实验目的

1）熟悉常用中规模计数器的逻辑功能和使用方法。

2）掌握利用给定的集成计数器实现 $N$ 进制计数器。

3）掌握计数器的实际应用。

### 2. 预习要求

1）详细了解实验原理和实验内容。

2）复习所用芯片 74LS161 和 74LS160 的引脚排列及其逻辑功能，了解七段显示译码器 74247BCD 的使用方法。

3）按照实验内容要求设计实验电路，画出逻辑电路图。

4）利用 Multisim 仿真实现 8421BCD 码二十四进制计数、译码和显示，并当十位数字为 0 时，十位数码管显示器不显示。

### 3. 实验原理

计数器是一种广泛使用的时序电路，由触发器构成。它不仅能够实现脉冲计数，而且还可用于定时、分频和产生节拍脉冲等。

按照计数器脉冲源的接法分类，计数器分为同步计数器和异步计数器。计数器内所有触发器使用同一时钟脉冲源的为同步计数器，否则为异步计数器。同步计数器由于其触发器的翻转发生在同一时刻，因此工作速度快。计数器的工作是记录输入脉冲的个数，所能计数的最大值，称为计数器的模。根据模数的不同，计数器分为二进制计数器、十进制计数器和任意（$N$）进制计数器。根据计数的增减变化，计数器分为加法计数器、减法计数器和可逆计数器。

（1）4 位二进制同步加法计数器 74LS161

计数器 74LS161 是同步置数、异步清零的 4 位二进制同步加法计数器，引脚排列和功能示意图如图 4-26 所示，功能如表 4-16 所示。其中进位输出端 $RCO$ 的逻辑表达式为：

$$RCO = ET \cdot Q_3 \cdot Q_2 \cdot Q_1 \cdot Q_0$$

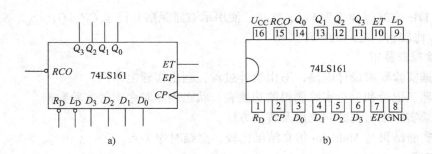

图 4-26 二进制同步加法计数器 74LS161

a）功能示意图 b）引脚排列

**表 4-16 74LS161 的功能表**

| 清零 | 预置 | 使能 | | 时钟 | 预置数据输入 | | | | 输 出 | | | | 工 作 模 式 |
|---|---|---|---|---|---|---|---|---|---|---|---|---|---|
| $R_D$ | $L_D$ | $EP$ | $ET$ | $CP$ | $D_3$ | $D_2$ | $D_1$ | $D_0$ | $Q_3$ | $Q_2$ | $Q_1$ | $Q_0$ | |
| 0 | × | × | × | × | × | × | × | × | 0 | 0 | 0 | 0 | 异步清零 |
| 1 | 0 | × | × | ↑ | $d_3$ | $d_2$ | $d_1$ | $d_0$ | $d_3$ | $d_2$ | $d_1$ | $d_0$ | 同步置数 |
| 1 | 1 | 0 | × | × | × | × | × | × | 保持 | | | | 数据保持 |
| 1 | 1 | × | 0 | × | × | × | × | × | 保持 | | | | 数据保持 |
| 1 | 1 | 1 | 1 | ↑ | × | × | × | × | 计数 | | | | 加法计数 |

由表 4-16 可以看出 74LS161 具有如下功能：

（a）异步清零 当 $R_D = 0$ 时，不管其他输入端的状态如何，不论有无时钟脉冲 $CP$，计数器输出将被直接置零（$Q_3Q_2Q_1Q_0 = 0000$），称为异步清零。

（b）同步并行预置数。当 $R_D = 1$、$L_D = 0$ 时，在输入时钟脉冲 $CP$ 上升沿的作用下，并行输入端的数据 $d_3d_2d_1d_0$ 被置入计数器的输出端，即 $Q_3Q_2Q_1Q_0 = d_3d_2d_1d_0$。由于这个操作要与 $CP$ 上升沿同步，所以称为同步置数。

（c）计数。当 $R_D = L_D = EP = ET = 1$ 时，在 $CP$ 端输入计数脉冲，计数器进行二进制加法计数。

（d）保持。当 $R_D = L_D = 1$，且 $EP \cdot ET = 0$，即两个使能端中存在 0 时，则计数器保持原来的状态不变。这时，如 $EP = 0$、$ET = 1$，则进位输出信号 $RCO$ 保持不变；如 $ET = 0$ 则不管 $EP$ 状态如何，进位输出信号 $RCO$ 为低电平 0。

74LS161 的时序图如图 4-27 所示。

（2）可预置十进制 BCD 码同步计数器 74LS160

74LS160 是可预置 8421BCD 码的十进制加法计数器，具有十进制同步加法计数、同步置数和异步清零等功能。74LS160 引脚排列和功能示意图与 74LS161 相同，见图 4-26。其功能如表 4-17 所示。74LS160 进位输出端 $RCO$ 的逻辑表达式为

$$RCO = ET \cdot Q_3 \cdot Q_0$$

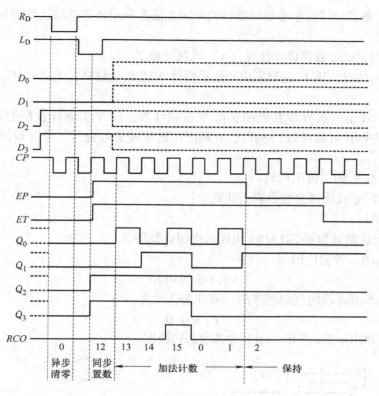

图 4-27　74LS161 时序图

**表 4-17　74LS160 功能表**

| 清零 | 预 置 | 使 能 | | 时钟 | 预置数据输入 | | | | 输 出 | | | | 工 作 模 式 |
|---|---|---|---|---|---|---|---|---|---|---|---|---|---|
| $R_D$ | $L_D$ | $EP$ | $ET$ | $CP$ | $D_3$ | $D_2$ | $D_1$ | $D_0$ | $Q_3$ | $Q_2$ | $Q_1$ | $Q_0$ | |
| 0 | × | × | × | × | × | × | × | × | 0 | 0 | 0 | 0 | 异步清零 |
| 1 | 0 | × | × | ↑ | $d_3$ | $d_2$ | $d_1$ | $d_0$ | $d_3$ | $d_2$ | $d_1$ | $d_0$ | 同步置数 |
| 1 | 1 | 0 | × | × | × | × | × | × | 保持 | | | | 数据保持 |
| 1 | 1 | × | 0 | × | × | × | × | × | 保持 | | | | 数据保持 |
| 1 | 1 | 1 | 1 | ↑ | × | × | × | × | 十进制计数 | | | | 加法计数 |

$D_3 D_2 D_1 D_0$ 为预置数据输入端；$Q_3 Q_2 Q_1 Q_0$ 为输出端；$R_D$ 为异步清零端，低电平时异步清零；$EP$ 和 $ET$ 是使能控制端，$EP$、$ET$ 为高电平时计数器工作；$L_D$ 为同步置数控制端，当 $L_D$ 为低电平，同时，$R_D = 1$、$EP = ET = 1$、$CP$ 脉冲上升沿到来时，数据 $d_3 d_2 d_1 d_0$ 置入计数器。$RCO$ 为进位输出端，$RCO = ET Q_3 Q_0$。当计数器处于计数工作状态，且计数值到达 1001，即 9 时，此端输出为 1，计数为 0000 时，此端又变回到 0。利用此功能，可实现多级级联的同步计数。如将此信号接入到后级计数器 74LS160 的使能控制端 $EP$、$ET$，可以实现 100 进制的同步计数器；若将此端信号反相后作为后级计数器的时钟脉冲信号，也可以实现 100 进制的异步计数器。

（3）任意进制计数器

组成任意进制计数器，可以用触发器和门电路实现，也可以利用中规模集成计数器芯片实现。用集成计数器设计任意进制计数器的常用方法有利用清零端的反馈清零法和利用置数端的反馈置数法。

设用 $M$ 进制集成计数器设计任意（$N$）进制计数器。

1）$N \leq M$ 的情况。用 $M$ 进制集成计数器设计 $N$ 进制计数器，若 $N \leq M$，则只需一片 $M$ 进制计数器。

（a）利用异步清零或异步置数端获得 $N$ 进制计数。设 $N$ 进制计数器的状态为 $S_0$、$S_1$、…、$S_N$。当 $M$ 进制计数器计数到 $S_N$ 时，立即产生清零或置数信号，使计数回到 $S_0$ 状态。具体步骤为：

a）写出状态 $S_N$ 的二进制代码。

b）求反馈清零或反馈置数逻辑表达式。

c）画连线图。

例如，用十进制计数器 74LS160 构成六进制计数器。

a）状态 $S_N$ 的二进制代码为

$$S_N = S_6 = 0110$$

b）利用异步清零端的反馈清零法。清零表达式为

$$R_D = \overline{Q_2 Q_1}$$

c）连线图如图 4-28a 所示。图 b 为其状态转换图。

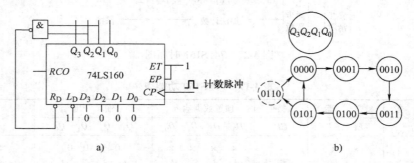

图 4-28 74LS160 和与非门组成的六进制计数器
a）连线图 b）状态转换图

（b）利用同步清零或同步置数端获得 $N$ 进制计数。设 $N$ 进制计数器的状态为 $S_0$、$S_1$、…、$S_{N-1}$。当 $M$ 进制计数器计数到 $S_{N-1}$ 后利用清零或置数使计数回到 $S_0$ 状态。具体步骤为：

a）写出状态 $S_{N-1}$ 的二进制代码。

b）求反馈清零或反馈置数逻辑表达式。

c）画连线图。

例如，用 4 位二进制计数器 74LS161 构成余 3 码十进制计数器。

a）状态 $S_{N-1}$ 的二进制代码为

$$S_{N-1} = S_9 = 1100$$

b）置数表达式为

$$L_D = \overline{Q_3 Q_2}$$

c）连线图如图 4-29a 所示，图 b 为其状态转换图。

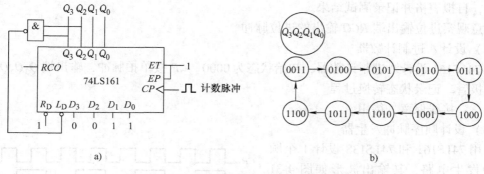

图 4-29　同步置数法组成余 3 码十进制计数器

a) 连线图　b) 状态转换图

2）$N > M$ 的情况。用 $M$ 进制集成计数器设计 $N$ 进制计数器，若 $N > M$，则要用多片 $M$ 进制计数器。方法是首先利用级连获得大容量计数器，然后利用清零法或置数法获得 $N$ 进制计数器。

例如，用十进制计数器 74LS160 构成六十进制计数器。

实现步骤为：

（a）级联两片十进制计数器 74LS160，构成 $10 \times 10 = 100$ 进制计数器。将前级计数器进位输出端 $RCO$ 接入到后级计数器的使能控制端 $EP$、$ET$，实现 100 进制的同步计数器。

（b）利用反馈清零法将 $M = 100$ 改为 $N = 60$。74LS160 具有异步清零功能，因此利用 $S_N$ 产生异步清零信号

$$S_N = S_{60} = (0110 \quad 0000)_{BCD}$$

（c）连线图如图 4-30 所示。

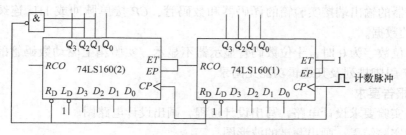

图 4-30　74LS160 组成六十进制计数器

使用 $M$ 进制集成计数器构成 $N$ 进制计数器时要注意清零端或置数端是同步方式还是异步方式。同步清零（或置数）计数终值为 $S_{N-1}$，异步清零（或置数）计数终值为 $S_N$。另外要注意使用集成二进制计数器扩展容量后，终值 $S_N$（或 $S_{N-1}$）是二进制代码；使用集成十进制计数器扩展容量后，终值 $S_N$（或 $S_{N-1}$）的代码由个位、十位、百位的十进制数对应的 BCD 代码构成。

**4. 实验内容**

（1）测试 74LS160/74LS161 的逻辑功能

使能端 $EP$ 和 $ET$、清零端 $R_D$、置数端 $L_D$、数据输入端 $D_3 D_2 D_1 D_0$ 分别接逻辑开关，计数脉冲 $CP$ 由单拍脉冲源提供，输出端 $Q_3 Q_2 Q_1 Q_0$ 和进位输出端 $RCO$ 分别接发光二极管。参考

功能表，自拟表格并记录测试结果。

注意观察进位输出端 $RCO$ 输出的进位脉冲。

（2）设计八进制计数器

用 74LS161 设计八进制计数器，初始状态为 0000。$CP$ 接单拍脉冲，输出端 $Q_3Q_2Q_1Q_0$ 接发光二极管。记录状态转换过程。

注意：接线保留，待用。

（3）设计顺序脉冲发生器

使用 74LS161 和 74LS138 设计 1 个顺序脉冲发生电路，其输出波形如图 4-31 所示。

1）连接自行设计的电路。

2）$CP$ 接单脉冲，译码器输出 $Y_0 \sim Y_7$ 分别接发光二极管（LED），观察 LED 的变化。

3）$CP$ 接 1kHz 方波，用示波器分别观察 $Y_0 \sim Y_7$ 的波形及时序关系，记录波形图。

（4）设计 1 个 8421BCD 码二十四进制计数器

1）使用 2 片 74LS160 实现二十四进制（BCD 码）计数。

2）设计使能信号控制端 $E$，$E = 1$ 时，计数器开始计数，$E = 0$ 时停止计数。

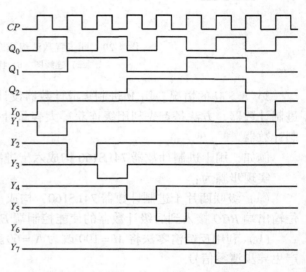

图 4-31　顺序脉冲发生器的时序波形图

3）计数器的输出端接实验箱的译码器和数码管，$CP$ 接单脉冲或 1Hz 连续脉冲，观察数码管显示的数据。

4）当十位数字为 0 时，十位数码管显示器不显示。实验箱上驱动数码管的七段显示译码器 74LS247 引脚排列及其逻辑功能见附录。

**5. 实验报告要求**

1）根据实验要求设计电路，写出设计过程，画出设计电路图。

2）整理实验结果，画出测试的波形图。

3）记录实验中出现的问题和解决方法。

4）给出 Multisim 仿真结果。

**6. 思考题**

1）计数器与分频器有何区别？

2）74LS161 和 74LS160 的输出最高位 $Q_3$ 分别可以实现几分频？

# 4.7　实验 7　555 定时器的应用

**1. 实验目的**

1）了解 555 集成定时器的工作原理和使用方法。

2）掌握 555 定时器的基本应用。

**2. 预习要求**

1）熟悉 555 定时器的引脚排列及其功能。

2）详细了解实验原理和实验内容。

3）根据实验内容要求设计电路，计算出实验中所需数据。

4）对所设计的电路进行 Multisim 仿真，确定振荡频率、脉宽等参数。

**3. 实验原理**

555 定时器是一种多用途的单片集成电路，外接适当的电阻、电容等元件，可以方便地构成施密特触发器、单稳态触发器和多谐振荡器等脉冲产生或波形变换电路。

（1）555 定时器工作原理

555 定时器内部逻辑图及引脚排列如图 4-32 所示。555 定时器包括电阻分压器、高精度电压比较器、基本 RS 触发器和放电晶体管等。电阻分压器由 3 个等值的 $5k\Omega$ 电阻 $R$ 串联构成，555 电路由此得名。分压器为电压比较器 $A_1$ 和 $A_2$ 提供参考电压，比较器 $A_1$ 的同相输入端和 $A_2$ 的反相输入端的参考电平分别为 $\frac{2}{3}U_{cc}$ 和 $\frac{1}{3}U_{cc}$。当阈值输入端（6 脚）$TH$ 电压大于 $\frac{2}{3}U_{cc}$，比较器 $A_1$ 即输出低电平；$TH$ 电压小于 $\frac{2}{3}U_{cc}$，比较器 $A_1$ 输出高电平。当触发输入端（2 脚）$TL$ 电压大于 $\frac{1}{3}U_{cc}$，比较器 $A_2$ 输出高电平，否则，输出低电平。比较器 $A_1$ 和 $A_2$ 输出的高、低电平控制基本 RS 触发器的状态。基本 RS 触发器的输出一路作为整个电路的输出（脚3），另一路接放电晶体管 VT 的基极，控制它的导通与截止。放电晶体管基极电位为逻辑 0 时，该管截止；基极电位为逻辑 1 时，该管导通。当 VT 导通时，给接于脚7 的电容提供低阻放电通路。555 定时器功能如表 4-18 所示。

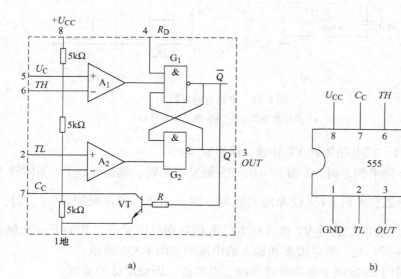

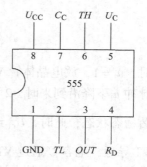

a)             b)

图 4-32　555 定时器

a）内部逻辑图　b）引脚排列

表 4-18　555 定时器功能

| 输　入 | | | 输　出 | |
|---|---|---|---|---|
| $u_{TH}$ (6) | $u_{TL}$ (2) | $R_D$ (4) | $u_O$ (3) | VT (7) |
| × | × | 0 | 0 | 导通 |
| $< \frac{2}{3}U_{CC}$ | $< \frac{1}{3}U_{CC}$ | 1 | 1 | 截止 |
| $> \frac{2}{3}U_{CC}$ | $> \frac{1}{3}U_{CC}$ | 1 | 0 | 导通 |
| $< \frac{2}{3}U_{CC}$ | $> \frac{1}{3}U_{CC}$ | 1 | 不变 | 不变 |

　　555 定时器的 8 脚为电源端，接正电源，1 脚为接地端。5 脚为控制电压端，接外加电压时，可改变"阈值"和"触发"端的比较电平；在不接外加电压时，通常接一个 0.01μF 的电容到地，起滤波作用，以消除外部干扰，保证参考电压稳定。

　　（2）单稳态触发器

　　单稳态触发器是在外来触发脉冲的作用下，触发器由稳态进入暂稳态，输出一定幅度和宽度的脉冲。暂稳态持续时间仅取决于电路参数，与触发脉冲无关。单稳态触发器可用于定时、延时和整形等。

　　用 555 定时器构成的单稳态触发器如图 4-33a 所示，2 脚接触发输入 $u_i$，下降沿触发，3 脚输出。

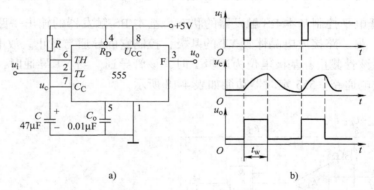

图 4-33　单稳态触发器

a）单稳态触发电路　b）输入输出波形

　　稳态时，$u_i = 1$，放电晶体管 VT 导通，输出 $u_o = 0$。

　　触发脉冲 $u_i$ 下降沿到来时，2 脚 $u_2 = 0$，RS 触发器翻转，输出 $u_o = 1$，晶体管 VT 截止，电路进入暂稳态状态，此时，$U_{CC}$ 经 R 向 C 充电，使 $u_c$ 上升。当 $u_c$ 充到 $\geqslant \frac{2}{3}U_{CC}$ 时，RS 触发器翻转，VT 导通，电容 C 通过 VT 迅速放电，电路回到稳定状态，并为下一次触发脉冲的到来做好准备。电容 C 充、放电波形和输入输出波形如图 4-33b 所示。

　　暂稳态持续时间 $t_W$ 取决于电路外接电阻、电容值，即输出脉冲宽度

$$t_W \approx 1.1RC$$

　　由 555 定时器构成的单稳态触发器要求采用窄脉冲触发，如果输入信号 $u_i$ 的负脉冲宽度

$t'_w$ 大于输出脉宽 $t_w$，则需要在 $u_i$ 与触发输入端 2 脚之间接入 $R_T$、$C_T$ 微分电路，微分电路时间常数 $\tau = R_T C_T \ll t'_w$。

（3）多谐振荡器

多谐振荡器没有稳定状态，只有两个暂稳态。电路没有外界触发信号，能够自行产生周期变化的矩形波输出。

由 555 定时器和外接元件 $R_1$、$R_2$、$C$ 构成的多谐振荡器及其工作波形如图 4-34 所示。电容 $C$ 通过电阻 $R_1 + R_2$ 充电，再通过 $R_2$ 和 VT 放电，电容电压在 $\frac{2}{3} U_{CC}$ 和 $\frac{1}{3} U_{CC}$ 之间变化，输出端得到如图 4-34b 所示的矩形脉冲输出。波形主要参数的估算公式为

电容充电时间（正脉冲宽度）　　$t_{W1} \approx 0.7(R_1 + R_2)C$

电容放电时间（负脉冲宽度）　　$t_{W2} \approx 0.7R_2C$

振荡周期　　　　　　　　　　$T = t_{W1} + t_{W2} \approx 0.7(R_1 + 2R_2)C$

振荡频率　　　　　　　　　　$f = \dfrac{1}{T} \approx \dfrac{1.43}{(R_1 + 2R_2)C}$

占空比　　　　　　　　　　　$q = \dfrac{t_{W1}}{T} \approx \dfrac{R_1 + R_2}{R_1 + 2R_2}$

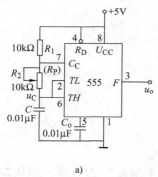 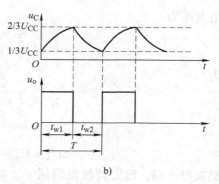

图 4-34　多谐振荡器

a）多谐振荡器电路　b）输入输出波形

可以看出，电路的振荡周期取决于电路外接电阻、电容值。改变电阻 $R_1$、$R_2$ 可以改变振荡周期和占空比，改变电容 $C$ 可以改变振荡周期，而占空比不变。若要求占空比和频率单独可调，可采用图 4-35 所示电路。

（4）施密特触发器

施密特触发器具有滞回特性，即输出电压由高电平跳变为低电平时所对应的输入电压 $u_i$ 和由低电平跳变为高电平所对应的输入电压 $u_i$ 不同。

将 555 定时器的 $TH$（6 脚）和 $TL$（2 脚）相连作为信号输入端即可构成施密特触发器，

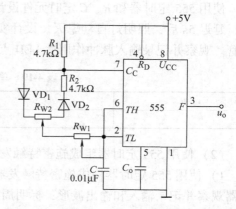

图 4-35　占空比与频率均可调的多谐振荡器

如图 4-36a 所示。若输入电压波形为三角波，则对应的输出波形如图 4-36b 所示。

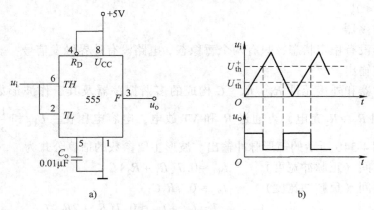

图 4-36 施密特触发器

a）施密特触发电路 b）输入输出波形

电路具有两个阈值电压，分别称为上限阈值电压和下限阈值电压，二者的差值称为回差电压。

电路中上限阈值电压为

$$U_{th}^+ = \frac{2}{3}U_{CC}$$

下限阈值电压为

$$U_{th}^- = \frac{1}{3}U_{CC}$$

回差电压为

$$\Delta U_{th} = U_{th}^+ - U_{th}^-$$

与单稳态触发器不同，施密特触发器属于"电平触发"型电路，不依赖于边沿陡峭的脉冲。

#### 4. 实验内容

（1）使用 555 定时器组成单稳态触发器

使用 555 定时器和 $R$、$C$ 定时元件设计一个照明灯节电延时开关，要求按下开关，灯点亮，延迟 5s 后，照明灯自动熄灭。设计实验电路并接线。要求负脉冲触发，输出接发光二极管。观察并记录输入脉冲作用后 LED 点亮的时间（暂稳态持续时间），并完成表 4-19。

表 4-19　单稳态触发器定时测试

| $R$ | $C$ | $t_W$ 测量值 | $t_W$ 理论值 |
| --- | --- | --- | --- |
|  |  |  |  |

（2）使用 555 定时器组成施密特触发器

1）使用 555 定时器构成施密特触发器并接线。输入信号接三角波（$U_{ip-p} = 5V$），用示波器观察并记录输入和输出波形，标明周期和幅值，并从图上直接确定上限阈值电压和下限阈值电压，计算回差电压。

2）输入信号同步骤 1。电压控制端 5 脚外接 2V 直流电压，用示波器观察输出波形的脉宽，上、下限阈值电压等的变化。

（3）用 555 定时器构成一个占空比可调的方波信号发生器。

实验参考电路如图 4-34 所示。调节电位器 $R_P$，用示波器观察输出波形占空比的变化情况。记录占空比为 3/4 时的 $u_c$ 和 $u_o$ 波形，标出周期、幅度、脉宽 $t'_W$ 以及 $u_c$ 各转折点的电压。注意：保留接线，待用。

（4）使用 555 定时器实现一个变音信号发生器

使用两片 555 定时器构成一个变音信号发生器，参考电路如图 4-37 所示。此信号发生器能按一定规律交替发出两种不同的声音。变音信号发生器由两个多谐振荡器组成，振荡器 I 的振荡频率较低，其输出端接至振荡器 II 的电压控制端（5 脚），构成压控变音振荡器。当振荡器 I 输出高电平时，振荡器 II 的振荡频率较低；当 I 输出低电平时，II 的振荡频率高。适当调整电路参数可以改变两种声音的节拍和音调，使声音达到满意的效果。

连接电路，调节电路参数，使电路发出"的""都"声。

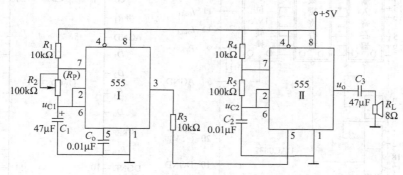

图 4-37　变音信号发生器

**5. 实验报告要求**

1）分析实验电路的工作原理，画出实验线路图。

2）画出实验所要求记录的各点波形。

3）整理实验数据，将实验结果与理论计算结果以及 Multisim 仿真结果进行比较、分析。

**6. 思考题**

1）图 4-37 所示的变音信号发生器电路中，若将前级的输出信号加到后一级的 4 脚，声音会怎样变化？加到 7 脚呢？

2）该实验中第一个 555 定时器的 5 脚所接电容器起什么作用？

## 4.8　实验 8　D/A 和 A/D 转换器

**1. 实验目的**

1）了解 D/A 和 A/D 转换器的基本工作原理。

2）熟悉 D/A 转换器 DAC0832 和 A/D 转换器 ADC0809 的使用方法。

**2. 预习要求**

1）复习 D/A、A/D 转换部分内容。

2）了解 DAC0832、ADC0809 各引脚的功能和使用方法。

3）使用 Multisim 软件对实验要求设计的阶梯波产生器进行仿真。

**3. 实验原理**

在电子系统中，把数字量转换成模拟量，称为数模转换（D/A 转换，简称 DAC）；把模拟量转换为数字量，称模数转换（A/D 转换，简称 ADC）。D/A 转换器和 A/D 转换器是模拟、数字系统间的桥梁。完成转换的集成电路有多种，选择芯片主要考虑转换精度和转换速度，精度保证转换的准确性，速度保证系统的实时性。

（1）D/A 转换器 DAC0832

DAC0832 是与微处理器兼容的 CMOS 8 位 D/A 转换芯片，与 TTL 电平兼容，具有价格低、接口简单、使用方便等优点，在计算机应用系统中应用广泛。

DAC0832 逻辑框图和引脚排列如图 4-38 所示。

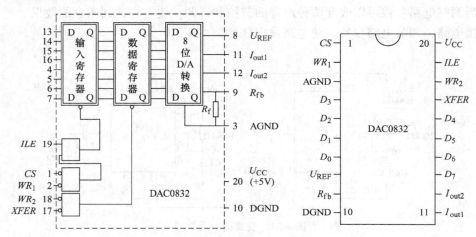

图 4-38　DAC0832 单片 D/A 转换器逻辑框图和引脚排列

引脚功能如下：

$D_0 \sim D_7$：数字信号输入端，$D_7$ 是最高位，$D_0$ 是最低位。

$ILE$：输入寄存器允许，高电平有效。

$CS$：片选信号，低电平有效。

$WR_1$：写信号 1，低电平有效。当 $WR_1 = 0$，同时 $CS = 0$，$ILE = 1$ 时，输入数据 $D_0 \sim D_7$ 锁存到输入寄存器。

$XFER$：传送控制信号，低电平有效。

$WR_2$：写信号 2，低电平有效。当 $WR_2 = 0$，$XFER = 0$ 时，输入寄存器中数据锁存到数据寄存器。

$I_{out1}$：DAC 电流输出端 1。构成电压输出时，该端接运算放大器的反相输入端。

$I_{out2}$：DAC 电流输出端 2。构成电压输出时，该端接运算放大器的同相输入端。

$R_{fb}$：反馈电阻引出端，构成电压输出时，该端接运算放大器的输出端。

$U_{REF}$：基准电压，电压范围为 $-10 \sim 10V$。

$U_{CC}$：电源电压，电压范围为 $5 \sim 15V$。

AGND：模拟地。

DGND：数字地。模拟地与数字地要接在一起使用。

DAC0832 有 3 种工作方式：

1）直接工作方式。即不需要写信号控制，输入数据直接传到内部 D/A 转换器的数据输入端。此时，$WR_1 = CS = WR_2 = XFER = 0$，$ILE = 1$。

2）单缓冲工作方式。输入数据经过输入寄存器缓冲控制后传到内部 D/A 转换器的数据输入端。$WR_2 = XFER = 0$。

3）双缓冲工作方式。两个寄存器均处于受控工作状态。该方式能够实现多片 D/A 转换器的同步输出。

DAC0832 有 8 个数据输入端，每个输入端是 8 位二进制数的一位。输出的是模拟电流，为了将电流转换为模拟电压，须外接运算放大器，图 4-39a 和 b 分别是由 DAC0832 组成的单极性和双极性 D/A 转换器的原理图。

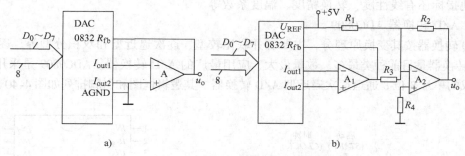

图 4-39　D/A 转换器原理图

a) 单极性　b) 双极性

对于单极性 D/A 转换电路，设输入为二进制数 $D_{n-1}\cdots D_1 D_0 = D_7 \cdots D_1 D_0$，则输出电压与输入数字量的关系式为

$$u_o = -\frac{U_{REF}}{2^n}(D_{n-1} \times 2^{n-1} + \cdots + D_1 \times 2^1 + D_0 \times 2^0)$$

$$= -\frac{U_{REF}}{2^8}(D_7 \times 2^7 + \cdots + D_1 \times 2^1 + D_0 \times 2^0) = -\frac{U_{REF}D}{2^8}$$

$D$ 为数字量的十进制数。上式表明，输出电压 $u_o$ 与输入的数字量成正比，实现了从数字量到模拟量的转换。

对于双极性 D/A 转换电路，取 $R_1 = R_2 = 2R_3$，有

$$u_o = -\frac{128 - D}{128}U_{REF}$$

取 $U_{REF} = 5V$，转换结果见表 4-20。

表 4-20　DAC0832 转换结果

| 参考电压 $U_{REF}/V$ | 二进制数 $D_7\ D_6\ D_5\ D_4\ D_3\ D_2\ D_1\ D_0$ | 十进制数 $D$ | 单极性输出 电压/V | 双极性输出 电压/V |
|---|---|---|---|---|
| +5 | 0 0 0 0 0 0 0 0 | 0 | 0 | -5 |
|  | 1 0 0 0 0 0 0 0 | 128 | -2.5 | 0 |
|  | 1 1 1 1 1 1 1 1 | 255 | -4.98 | +4.96 |

D/A 转换器的主要参数：

1）分辨率。最小模拟输出量（输入数字量仅最低位为1）与最大模拟输出量（输入数字量所有有效位为1）之比为 D/A 转换器分辨率，其表达式为

$$分辨率 = \frac{1}{2^n - 1}$$

如图 4-39a 所示的单极性 D/A 转换器，其分辨率 $= \frac{1}{2^n - 1} = \frac{1}{2^8 - 1}$。由于分辨率的大小仅取决于输入数字量的位数，因此，一些手册上常用 D/A 转换器的位数 $n$ 来表示，如8位分辨率。

2）建立时间。输入数字量从全0变为全1（或相反），即输入变化为满度值，输出模拟量信号达到稳定值所需时间为 D/A 转换器的建立时间。建立时间也可以认为是转换时间。不同型号的 D/A 转换器，其建立时间不同，一般从几个纳秒到几个微秒。DAC0832 的建立时间为 $1\mu s$。

其他指标还有线性度、转换精度、温度系数等。

（2）A/D 转换器 ADC0809

A/D 转换器按其变换原理分，主要有并联比较型、逐次逼近型和双积分型等。逐次逼近型 A/D 转换器是目前种类最多、数量最大、应用最广的 A/D 转换器。ADC0809 是采用 CMOS 工艺制成的单片 8 位 8 通道逐次逼近型 A/D 转换器，其逻辑框图和引脚排列如图 4-40 所示。

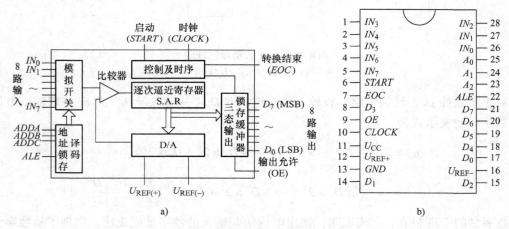

图 4-40　ADC0809 逻辑框图和引脚排列

a）逻辑框图　b）引脚排列

引脚功能如下：

$IN_0 \sim IN_7$：8 路模拟信号输入通道。

$A_2$、$A_1$、$A_0$：3 位地址输入端。地址译码与模拟输入通道的选通关系如表 4-21 所示。

ALE：地址锁存允许输入端，该端信号上升沿锁存地址码，从而选通相应的模拟信号通道，以便进行 A/D 转换。

START：启动信号输入端，该端信号上升沿使内部寄存器复位，下降沿使 A/D 转换器开始转换。

EOC：A/D 转换结束输出信号（转换结束标志），高电平有效。

OE：输入允许信号，高电平有效。

$CLOCK(CP)$：时钟信号输入端，时钟的频率决定 A/D 转换的速度。改变外接 $RC$ 元件，可改变时钟频率。外接时钟频率一般为 $10 \sim 1280 \mathrm{kHz}$。

$U_{CC}$：电源电压，一般为 $+5 \mathrm{V}$。

$U_{REF}$（ + ）、$U_{REF}$（ - ）：基准电压的正极、负极。一般 $U_{REF}$（ + ）接 $+5 \mathrm{V}$ 电源，$U_{REF}$（ - ）接地。

$D_0 \sim D_7$：数字信号输出端。

表 4-21　地址译码与模拟输入通道选通关系

| 被选模拟通道 | | $IN_0$ | $IN_1$ | $IN_2$ | $IN_3$ | $IN_4$ | $IN_5$ | $IN_6$ | $IN_7$ |
|---|---|---|---|---|---|---|---|---|---|
| 地址 | $A_2$ | 0 | 0 | 0 | 0 | 1 | 1 | 1 | 1 |
| | $A_1$ | 0 | 0 | 1 | 1 | 0 | 0 | 1 | 1 |
| | $A_0$ | 0 | 1 | 0 | 1 | 0 | 1 | 0 | 1 |

模拟量输入有单极性和双极性两种方式。ADC0809 单极性输入范围为 $0 \sim 5 \mathrm{V}$，双极性输入范围为 $-5 \sim 5 \mathrm{V}$。取 $U_{REF} = 5 \mathrm{V}$，转换结果见表 4-22。

表 4-22　ADC0809 转换结果

| 参考电压 $U_{REF}/\mathrm{V}$ | 单极性输入 电压/V | 双极性输入 电压/V | 二进制数 $D_7\ D_6\ D_5\ D_4\ D_3\ D_2\ D_1\ D_0$ | 十进制数 $D$ |
|---|---|---|---|---|
| +5 | 0 | -5 | 0 0 0 0 0 0 0 0 | 0 |
| | 2.5 | 0 | 1 0 0 0 0 0 0 0 | 128 |
| | 4.98 | 4.98 | 1 1 1 1 1 1 1 1 | 255 |

### 4. 实验内容

（1）D/A 转换器 DAC0832 功能测试

按图 4-41 接线，图中 $D_0 \sim D_7$ 接至逻辑开关的输出插口，输出端 $u_o$ 接直流数字电压表。

1）调零。数据输入端 $D_0 \sim D_7$ 置为 0，调节电位器，使 $u_o$ 为零。

2）按表 4-23 所列输入数据测试 DAC0832 功能，将测量结果填入表中，并与理论值进行比较。

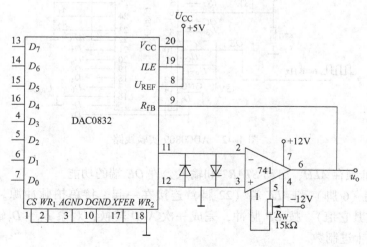

图 4-41　D/A 转换电路

表 4-23　功能测试

| 输入数字量 | | | | | | | | 输出模拟量 $u_o$/V | |
|---|---|---|---|---|---|---|---|---|---|
| $D_7$ | $D_6$ | $D_5$ | $D_4$ | $D_3$ | $D_2$ | $D_1$ | $D_0$ | 实　测　值 | 理　论　值 |
| 0 | 0 | 0 | 0 | 0 | 0 | 0 | 0 | | |
| 0 | 0 | 0 | 0 | 0 | 0 | 0 | 1 | | |
| 0 | 0 | 0 | 0 | 0 | 0 | 1 | 0 | | |
| 0 | 0 | 0 | 0 | 0 | 1 | 0 | 0 | | |
| 0 | 0 | 0 | 0 | 1 | 0 | 0 | 0 | | |
| 0 | 0 | 0 | 1 | 0 | 0 | 0 | 0 | | |
| 0 | 0 | 1 | 0 | 0 | 0 | 0 | 0 | | |
| 0 | 1 | 0 | 0 | 0 | 0 | 0 | 0 | | |
| 1 | 0 | 0 | 0 | 0 | 0 | 0 | 0 | | |
| 1 | 1 | 1 | 1 | 1 | 1 | 1 | 1 | | |

（2）使用 DAC0832 和 74LS191 设计阶梯波产生器

使用 DAC0832 和 4 位二进制同步加/减计数器 74LS191 设计一个阶梯波产生电路。将二进制可逆计数器 74LS191 的输出端按高位到低位的顺序依次接到 DAC0832 数据输入端的高 4 位 $D_7 \sim D_4$，DAC0832 的低 4 位数据输入端接地。

74LS191 的 $CP$ 接 1kHz 方波，加减控制端接逻辑电平开关。改变计数器的加/减计数方向，使用示波器观察并记录 DAC0832 输出端的电压波形。

（3）A/D 转换器 ADC0809 功能测试

1）按图 4-42 接线，输入模拟量接 0 ～ 5V 直流可调电压信号（由电阻、电位器对电源分压获得），输出 $D_0 \sim D_7$ 分别接发光二极管（LED），$CP$ 时钟脉冲由脉冲信号源提供，$f =$ 640kHz。$A_0 \sim A_2$ 地址端接逻辑开关的输出插口。

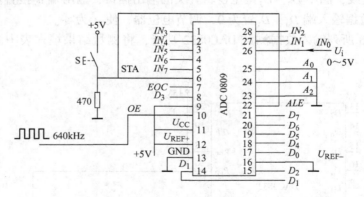

图 4-42　ADC0809 实验线路

2）测试地址锁存 $ALE$、启动 $START$ 和输入允许 $OE$ 端的功能

将 $START$ 端（6 脚）和 $ALE$ 端（22 脚）连接在一起，接单拍脉冲源。$A_0 \sim A_2$ 接 000，$IN_0$ 为 4.5V（或其它值）。按 $CP$ 脉冲，完成一次 A/D 转换，观察 $D_0 \sim D_7$ 输出，并记录数据，同时换算为十进制数。

断开单拍脉冲源，将 $START$ 端（6 脚）、$EOC$ 端（7 脚）和 $ALE$（22 脚）连接在一起，则电路为自动转换状态。$A_0 \sim A_2$ 和 $IN_0$ 输入同上，观察 $D_0 \sim D_7$ 输出。

3）地址输入为 000，调节模拟量输入 $u_i$，测试 ADC0809 功能，将测量结果填入表 4-24 中，并与理论值进行比较。选择自动转换模式。

表 4-24　ADC0809 功能测试

| 输入模拟量 | 输出数字量 | |
|---|---|---|
| $u_i/V$ | $D_7\ D_6\ D_5\ D_4\ D_3\ D_2\ D_1\ D_0$ | 十　进　制 |
| | 0 0 0 0 0 0 0 0 | |
| | 0 0 0 0 0 0 0 1 | |
| | 0 0 0 0 0 0 1 0 | |
| | 0 0 0 0 0 1 0 0 | |
| | 0 0 0 0 1 0 0 0 | |
| | 0 0 0 1 0 0 0 0 | |
| | 0 0 1 0 0 0 0 0 | |
| | 0 1 0 0 0 0 0 0 | |
| | 1 0 0 0 0 0 0 0 | |
| | 1 1 1 1 1 1 1 1 | |

（4）将 ADC0809 和 DAC0832 串接起来的实验

把模/数转换器 ADC0809 的输出作为数/模转换器 DAC0832 的输入，把两个转换器串接起来。自拟电路并接线。

1）输入模拟量 $u_i$ 从 0V 变化到最大值，测量相应的 $u_i$、$u_o$ 记入表 4-25。

表 4-25　模/数和数/模转换连接

| 输入模拟量 $u_i$ | 输出模拟量 $u_o$ |
|---|---|
| | |
| | |

2）输入模拟量改用 200Hz 方波信号 $u_i$，用示波器观察 $u_o$ 波形，记录 $u_i$、$u_o$ 波形。

**5. 实验报告要求**

1）画出实验电路，简述电路工作原理。

2）整理实验结果，画出波形。

3）比较测量值、理论值及 Multisim 仿真结果并进行分析。

4）记录实验中遇到的问题及解决方法。

**6. 思考题**

1）如何提高 D/A 转换器的分辨率？

2）A/D 转换器的转换速度与什么因素有关？

3）阶梯波产生器如果 $CP$ 的频率由 1kHz 改为 10kHz，则输出阶梯波形会有什么变化？

# 第 **5** 章

# 电子技术综合设计实验

## 5.1 综合设计型实验的一般方法

　　电子技术综合设计是培养学生创新意识和实践能力的重要环节。综合设计一般要求学生在一定时间内综合运用电子技术课程中所学到的知识完成某一电子系统的设计，其重点是电路设计与调试。所谓电子系统是指可以完成某个特定功能的完整的电子装置，函数发生器、数字频率计等等都是电子系统。通过系统设计，加强学生的实践基本训练，提高学生解决实际问题的能力。电子系统的设计涉及硬件实现、软件仿真和 EDA 等技术。

### 5.1.1 综合设计型实验的一般步骤

　　综合设计型实验的一般步骤如图 5-1 所示。首先必须明确系统的设计任务，根据任务进行方案选择；对于采用集成芯片或分立元件构建硬件电路的实现方案，需进行单元电路设计、参数计算和器件选择；画出整机实验电路接线图；安装调试，测试功能；修改完善电路，最后完成符合设计要求的整机电路图及总结报告。

　　对于采用 CPLD/FPGA 芯片构建硬件电路的方案，明确设计目的设计要求后，可以利用原理图输入方式或文本输入方式进行设计输入。输入完成后进行编译，之后进行仿真，包括功能仿真和时序仿真。经过仿真验证之后，需要进行编程下载，这一过程需要设置配置电缆及选择配置模式。

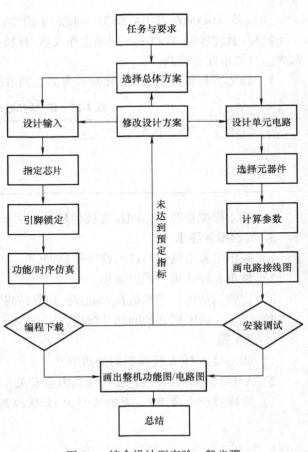

图 5-1　综合设计型实验一般步骤

### 5.1.2　综合设计型实验的硬件实现

#### 1. 电路原理设计

（1）设计任务分析及方案确定

对系统的设计任务、技术指标进行具体分析，明确系统应完成的任务。

广泛查阅资料，拟定出多种设计方案，画出每种方案的原理框图。所谓原理框图是设计者根据自己掌握的知识和资料将规模大、功能复杂的系统按功能划分为若干子模块，一直分到这些子模块可以用经典的方法和标准的功能部件进行设计为止，即把系统的任务分配给若干个单元电路，再将各单元电路连接起来。框图要能反映各组成部分的功能及其相互关系。

要对方案进行可行性和优缺点的分析比较，力争做到设计方案合理、可靠、简单、经济、技术先进。最后择优设计出一个完整的原理框图。

（2）设计单元电路及总体电路

明确各单元电路的任务要求并注意单元电路间的相互配合。设计时充分比较功能相近的电路和芯片，依据简单、可靠、经济实用的原则进行选择，在保证电路性能的前提下，尽可能减少器件的数量和种类。另外，选择的集成电路不仅要在功能和特性上实现设计方案，而且要满足功耗、电压、速度、价格等多方面的要求。设计中应广泛查阅资料，尽量选用满足性能指标的成熟电路，有些成熟电路只要修改部分器件参数就能满足指标要求，显然，这是最简单的设计方法。没有成熟电路而需创新或改进的，可先进行局部仿真或详细原理分析，以保证性能要求。

完成单元电路设计后画出总体电路图。总体电路图是电路安装和调试的依据，必须清晰、正确。从单元电路设计到总体电路图，要考虑各单元之间的连接。各单元之间的接口电路往往是需要自行设计的，一般要考虑功能、时序配合、驱动能力和电平匹配等问题。电路图中的集成电路芯片通常用方框表示，在方框中标出它的型号。为了便于安装和查错，体现电路的原理关系，需要在方框边线两侧同时标出每根连线的功能名称和引脚号。

为保证安装调试的顺利进行，此阶段要熟悉单元电路及整机电路的工作原理、相关参数计算和波形分析等。

#### 2. 安装和调试

设计型实验一般是利用实验室综合实验箱进行的。安装电路要注意以下几点：

1）合理布局，使电路能在有限的面包板上完整安装。

2）按照先局部后整机的原则安装电路。

3）所有集成电路放置方向应一致，以便正确接线和检查。

4）连线不允许跨接在集成电路上，不能从元器件上通过。

5）电路要整齐美观、安装可靠、调试方便。

调试包括测量和调整两个方面。调试电路要按照以下步骤进行：

1）通电前检查电路，特别要检查电源，不要将电源接反、接错或短路。

2）通电后首先观察电路有无异常情况，如冒烟、器件发烫、有异味等。发现异常要立即关掉电源。

3）调试也是先局部后整机，先使各功能模块都达到各自的任务要求，再连接起来进行统调和系统测试。

4）如果系统工作不正常，一般可能的原因有接线错误、连线不可靠（虚接）、器件损坏、负载不匹配、电路设计有误等。可根据局部单元直至元器件的功能逐一排查。

5）调试中注意记录相关点的数据与波形，一方面用于说明电路性能，另一方面用于总结与提高。

### 5.1.3 综合设计型实验的可编程逻辑器件实现

#### 1. 设计输入

首先利用 Quartus Ⅱ 的工程向导建立工程文件，之后可以选择利用框图编辑器建立原理图或结构图文件，也可以建立 Verilog HDL 语言文件。可以在新建设计文件窗口中选择相应的文件类型。

#### 2. 指定芯片及引脚锁定

在利用工程文件创建向导时，已经完成了目标芯片的锁定。如想要改变目标芯片的型号可以点击"Assignments/Device"，在此设置窗口中可以选择目标芯片的系列、型号。引脚锁定就是将输入文件的输入、输出信号和目标芯片的具体引脚对应起来。

#### 3. 仿真

完成了编译之后需要设计者通过仿真对设计进行验证。仿真的目的是在软件环境下验证电路的行为与设想中的是否一致。仿真一般分为功能仿真和时序仿真。

功能仿真是在设计输入后，还没有进行综合、布局布线前的仿真，又称为行为仿真和前仿真，它是在不考虑电路的时间延时的情况下，着重考虑电路在理想环境下的行为和设计构思的一致性。

时序仿真又称为后仿真，是在综合、布局布线后，即电路已经映射到特定的工艺环境后，考虑器件延时的情况下对布局布线的网络表文件进行的一种仿真，其中器件延时信息通过反向标注时序延时信息来实现。时序仿真的目的是设计出能工作的电路，这不是一个孤立的过程，它与综合、时序分析等形成一个反馈工作过程，只有过程收敛之后的综合、布局布线才有意义。

#### 4. 编程下载

在完成了设计输入及成功的编译、仿真之后，配置器件是 EDA 设计流程的最后一步，目的是将设计配置到目标器件中进行硬件验证。

## 5.2 硬件实现的综合设计型实验

### 5.2.1 设计举例

#### 1. 低频功率放大器

（1）实验任务与要求

1）设计并制作具有弱信号放大能力的低频功率放大器，放大通道的正弦信号输入电压幅度为 $5 \sim 700\text{mV}$，负载电阻 $R_L$ 为 $8\Omega$，放大器的技术指标为：

- 额定输出功率 $P_{on} \geqslant 10\text{W}$；
- 带宽 $BW \geqslant 50 \sim 10000\text{Hz}$；

- 在 $P_{on}$ 下和 $BW$ 内的非线性失真系数 $\gamma \leqslant 3\%$；
- 在 $P_{on}$ 下的效率 $\eta \geqslant 55\%$；
- 前置放大级输入端交流短接到地时，$R_L = 8\Omega$ 上的交流声功率 $\leqslant 10 \text{mW}$。

2）放大器的时间响应（选作）

正弦信号输入经变换电路产生正、负极性的对称方波，要求频率为 1000Hz、上升和下降时间 $\leqslant 1\mu s$、电压峰-峰值为 200mV。在此方波输入，负载电阻 $R_L = 8\Omega$ 条件下，设计电路应满足：

- 额定输出功率 $P_{on} \geqslant 10 \text{W}$；
- 在 $P_{on}$ 下输出波形的上升和下降时间 $\leqslant 12\mu s$；
- 在 $P_{on}$ 下输出波形顶部斜降 $\leqslant 2\%$；
- 在 $P_{on}$ 下输出波形过冲量 $\leqslant 5\%$。

（2）实验原理

如果一个电路的输出端带有扬声器、继电器和电机等功率设备，就必然要求输出级能够提供足够的功率信号，这样的输出级通常叫做"功率放大器"。与普通放大器相比，因为功放电路要提供大电压和大电流，不仅振荡、失真和温漂等问题更为突出，还会出现热击穿等普通放大器没有的问题。这些问题的存在也决定了功率放大器在设计和工艺方面有诸多需要考虑的因素。

1）低频功率放大器的一般结构。功率是电压和电流的乘积，在电源电压的约束下，功率放大意味着输出电压和电流都要尽可能地大，因此低频功率放大器电路的结构一般包括电压放大和电流放大两部分。低频功率放大器的总体结构如图 5-2 所示。由前置放大器、功率放大器、波形变换电路、直流稳压电源电路等组成。前置放大器和功率放大器用来提供 10W 以上的输出功率；波形变换电路将正弦信号变换为符合要求的方波电压信号，用来测试电路的时域特性指标；稳压电源为各单元提供稳定的直流电压。

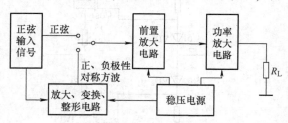

图 5-2　低频功率放大器的总体结构

2）电压放大级。输入信号一般比较小，首先要经过电压放大级提升电压幅度。电压放大级不仅决定了整个电路的增益，而且对噪声和失真度指标也有重要影响。

电压放大级可以采用分立元件，也可以采用集成运放，两者各有利弊。分立元件的好处是噪声小，但增益不高，且增大了电路的复杂度和调试难度。集成运放的好处是使用简便，增益高，缺点是噪声一般比单纯分立元件大。对于本实验两者均可行，具体选用何种类型的电路，取决于具体需求和设计者的经验。

3）电流放大级。电压放大级后面连接电流放大级，电流放大级是否需要电压放大级提供驱动电流，这要分情况讨论。如果电流放大级由晶体管组成，由于晶体管是电流放大器件，电压放大级要提供必须的驱动电流。反之，如果电流放大级采用的是 MOS 管，则因 MOS 管是电压放大器件，没必要提供栅极电流，从而使设计得以简化，这也是 MOS 型功放的一个优势。

电流放大级直接与负载相连，将前级放大的电压和本级放大的电流传递给负载，完成功率输出。这一级需要很强的带负载能力，一般采用射极跟随器（晶体管）或源级跟随器（MOS 管）。对于低频功放，为避免直流损耗，一般采用推挽式结构，推挽式电路的两个对管静态时处于微导通状态，静态电流即直流分量很小，可以大大降低直流损耗。

4）克服交越失真的电路。当输入信号小于晶体管或 MOS 管的开启电压时，推挽电路的两管均处在截止状态，无信号输出，称为交越失真。消除交越失真的基本思想是设法使两管静态时处于临界导通状态，其结构如图 5-3 所示，图中 $U_{D1} + U_{D2} = U_{GS1} + U_{R1} - U_{GS2} - U_{R2}$，二极管 VD1 和 VD2 的导通电压为 MOS 管 $VT_1$ 和 $VT_2$ 提供静态偏压，使其处于临界导通状态。这里 VD1、VD2 根据 MOS 型场效应管的开启电压可选用数个晶体管串联而成。

5）温度补偿电路。工作状态下推挽电路由于通过大电流，管温升高，MOS 管的 $U_{GS}$ 也会随之变化，影响电路的稳定，为减少温度变化对功放的影响，需要采用合适的温度补偿措施。图 5-3 中可以选择具有负温度系数的二极管，当温度升高时，二极管节电压变化趋势与推挽管相反，从而实现温度补偿。图 5-4 中的电路同样具有温度补偿能力，当温度上升时，漏极电流有增加的趋势，但 $U_{BE}$ 随温度升高而下降，达到补偿的目的。以上做法尽管不可能完全抵消温度变化的影响，但在很大程度上削弱了这种不利影响，而且能保护电路免受热击穿的损害。

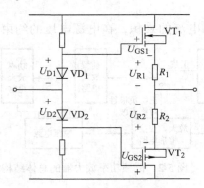

图 5-3　克服交越失真的电路

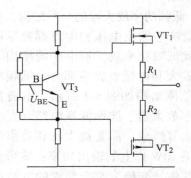

图 5-4　具有温度补偿的偏置电路

6）负反馈电路。功放电路工作在极限状态，管温较高，非线性失真和参数漂移的问题十分突出。为保持电路工作稳定，一般要引入负反馈，除了可解决上述问题外，还可起到展宽频带的作用。

（3）参考设计方案

1）弱信号前置放大器电路。前置放大器完成小信号的放大任务，主要影响系统的噪声、失真度和增益指标，因此要选择低噪声高保真，快速响应和宽频带的放大电路。

弱信号前置放大器电路如图 5-5 所示，从信号源输出的信号非常微弱，只有经过放大之后才能激励功率放大器，满足指标要求，减小非线性失真，提高电路的高频和低频特性。前置放大电路中采用集成运放 NE5532。NE5532 是高性能、低噪声运放，与许多标准运放相似，它具有较好的噪声性能，优良的输出驱动能力和相当高的小信号与电源带宽。因为电压并联负反馈具有良好的抗共模干扰能力，两级放大器都设计为带有并联负反馈的放大器，调节电位器可改变电路增益。

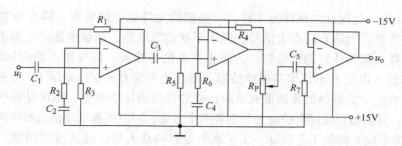

图 5-5 弱信号前置放大器电路

2）甲乙类互补对称功率放大电路。电流放大器即末级推挽电路的对管，对管的选择首先要求对称性好，另外要注意特征频率 $f_T$ 与集电极最大允许耗散功率。特征频率 $f_T$ 与上限频率 $f_{TH}$ 的关系为

$$f_T = f_H \beta_H$$

对乙类 OCL 放大器来说，单管最大管耗 $P_{TM}$ 与输出功率 $P_{OM}$ 的关系为

$$P_{TM} \approx 0.2 P_{OM}$$

应根据实验对上限频率和输出功率的要求，选择合适的 MOS 管。

其次要考虑 MOS 管的耐压和过流值。由于输出电压达到正负峰值时，MOS 管的漏极—源极间所加电压是正电源和负电源之间的电压。正负电源一般对称，因此 MOS 管的耐压值应大于电源电压的 2 倍。MOS 管的过流值应大于向负载提供的最大输出电流，如果电源电压为 $U_{CC}$，负载为 $R_L$，则最大输出电流 $I_{omax} \approx U_{CC}/R_L$，具体选择时要留有余量。

末级输出管采用分立的大功率 MOS 场效应管，可选择互补管 IRF9640 和 IRF640。如图 5-6 所示，功率放大电路采用两管推挽电路，使两个 MOS 管在两个半周期内轮流工作，这种互补对称功率放大电路有利于降低失真。此外，由于输出级的电压增益小于 1，而且响应速度快，可大大减少出现振荡的可能性；由于漏极没有信号，减少了寄生振荡通过杂散电容传送到电路其余部分的可能性。

图 5-6 中，通过晶体管 $VT_1$ 及相关电阻和电位器供给两管栅源极间电压，静态时使得两个对称的晶体管微导通，克服死区电压减小交越失真。

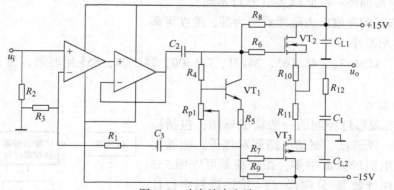

图 5-6 功率放大电路

3）散热片。实验要求输出功率在 10W 以上，根据 $P_{TM} \approx 0.2 P_{OM}$，MOS 管的功耗最大可达 2W，必须加装散热片，并根据散热片的外形尺寸在电路板上预留出安装位置。

4）其他元件。为保证电路稳定工作，一些辅助元件如去耦电容、隔直电容和限流电阻的选择也十分重要。为防止后端大信号经电源干扰前级电路，前级电路的电源去耦电容必不可少，一般选择去耦特性好的钽电容。为防止直流信号馈入，信号输入端应加装隔直电容。隔直电容 $C$ 与输入阻抗 $R_i$ 形成了高通滤波器，截止频率为 $f_L = 1/(2\pi CR_i)$，应根据系统的频带合理选择电容值。为避免负载加重或短路造成的过流损坏功率管，MOS 功率管的输出一般要加限流电阻，其阻值要兼顾保护能力和损耗两个方面，同时根据功率值选择电阻的型号。

5）低频功率放大器的工艺设计。工艺水平是影响放大器性能的重要因素。工艺上的缺陷不仅会导致性能指标下降，难以实现原始的设计意图，严重时还会缩短产品寿命，甚至损坏重要器件。功率放大器在制作工艺方面应注意以下几点：

（a）放大器第一级要特别注意。尽量采用屏蔽措施，包括元件的屏蔽，引线的屏蔽等等。此外，第一级元件布置要紧凑，走线尽可能短。第一级的元件与电源变压器等功率元件尽量远离。

（b）布线合理。放大器的输入线与大信号线的输出线、交流电源线要分开走，不要平行布线，更不要绑在一起。

（c）接地合理。放大器的地线应采用 1mm 左右的裸铜线或镀银线，电路板上的地线应由末级到前级依次连接。最好采用一点接地（接机壳或大地），避免采用底盘当地线和多点接地。一般接地点可选在放大器直流电源输出端的滤波电容的地端，避免将接地点选在放大器输入端。第一级输入回路的元件最好集中于一点再接地线。

（d）注意焊接质量。焊接质量直接影响放大器的性能，不允许有虚焊现象出现。焊接前要清洗元件和导线并且镀上锡，在焊接时，焊点要光滑。

（e）在所有电源滤波电解电容两端并联 $0.1\mu F$ 的 CBB 电容，滤除高频噪声。

**2. 彩灯控制器**

（1）设计任务与要求

设计一个彩灯（LED 管）控制电路，要求

1）8 彩灯以 4 种方式从左向右移动，自动循环点亮：彩灯一亮一灭；彩灯两亮两灭；彩灯 4 亮 4 灭；彩灯 1 到 8 从左到右逐次点亮，又从左到右逐次熄灭。

2）彩灯全部循环一次间歇 2s（彩灯不亮）。

3）灯光移动的速度以人眼能看清为准，速度可调。

（2）参考元器件

74LS164，74LS153，74LS161，74121，74LS00，74LS74，555 定时器，发光二极管，电阻、电容等。

（3）设计参考

图 5-7 是实现彩灯控制的一般构成框图，包括振荡器、计数器、译码器、驱动电路和彩灯等。能够实现其中各单元电路的方案很多，如振荡器可以用 555 定时器实现，用计数器/分频器（14 位二进制串行计数器/分频器）CD4060 实现，也可以用运算放大器等组成；计数器、译码器的可选芯片也很多。现给出一种采用比较熟悉的芯片来实现的电路方案。

图 5-7　彩灯控制电路框图

1) 555 多谐振荡器。多谐振荡器用来产生时间基准信号（脉冲信号），作为下一级的时钟信号。因为循环彩灯对频率的要求不高，且脉冲信号的频率要求可调，所以采用 555 定时器组成振荡器，电路如图 5-8 所示。

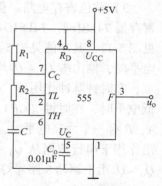

振荡频率　　　$f = \dfrac{1}{T} \approx \dfrac{1.43}{(R_1 + 2R_2)C}$

频率 $f \leqslant 100\mathrm{Hz}$ 时，人眼能够看清灯光移动的速度。取 $f = 10\mathrm{Hz}$，$C = 10\mu\mathrm{F}$，$R_1 = 10\mathrm{k}\Omega$，则 $R_2 \approx 2.2\mathrm{k}\Omega$。

图 5-8　555 多谐振荡器

2) 计数/分频及信号选通电路。计数器采用常用的四位二进制可预置的同步加法计数器 74LS161。其引脚排列如图 5-9，功能如表 5-1 所示。从功能表中可知，74LS161 具有异步清零，同步置数功能。当 $R_D = LD = EP = ET = 1$、$CP$ 脉冲上升沿作用后，计数器加计数。$RCO$ 为进位输出端，$RCO = Q_0 \cdot Q_1 \cdot Q_2 \cdot Q_3 \cdot ET$。$D_3 D_2 D_1 D_0$ 为置数数据输入端，$Q_3 Q_2 Q_1 Q_0$ 为输出端。分别从 $Q_0$、$Q_1$、$Q_2$、$Q_3$ 输出，可得到计数脉冲的 2、4、8、16 分频信号。

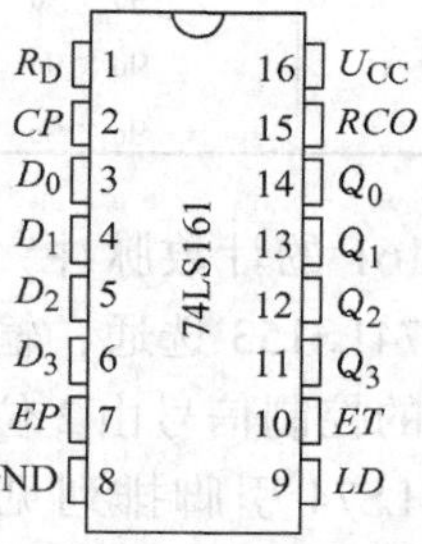

图 5-9　74LS161 引脚排列

表 5-1　74LS161 功能表

| $CP$ | $R_D$ | $LD$ | $EP$ | $ET$ | 功　　能 |
|---|---|---|---|---|---|
| × | 0 | × | × | × | 清零 |
| ↑ | 1 | 0 | × | × | 同步置数 |
| × | 1 | 1 | 0 | 1 | 保持（包括 RCO 的状态） |
| × | 1 | 1 | × | 0 | 保持（RCO = 0） |
| ↑ | 1 | 1 | 1 | 1 | 计数 |

信号选通采用常用的数据选择器 74LS153。74LS153 为双四选一数据选择器，引脚排列如图 5-10 所示。其中 $D_0$、$D_1$、$D_2$、$D_3$ 为 4 个数据输入端，$Y$ 为输出端，$A_1$、$A_0$ 为控制输入端（或称地址端），同时控制两个四选一数据选择器的工作，$S_1(S_2)$ 为使能输入端。74LS153 的逻辑功能如表 5-2 所示。当 $S_1(=S_2) = 1$ 时电路不工作，此时无论 $A_1$、$A_0$ 处于什么状态，输出 $Y$ 总为零，即禁止所有数据输出。当 $S_1(=S_2) = 0$ 时，电路正常工作，被选择的数据送到输出端。当 $S_1(=S_2) = 0$ 时，74LS153 的逻辑表达式为

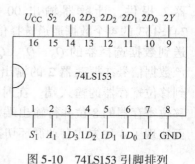

图 5-10　74LS153 引脚排列

$$Y = \overline{A_1}\,\overline{A_0}D_0 + \overline{A_1}A_0D_1 + A_1\overline{A_0}D_2 + A_0A_1D_3$$

表 5-2　74LS153 功能表

| $S_1(S_2)$ | $A_1$ | $A_0$ | $1Y$ | $2Y$ |
|---|---|---|---|---|
| 1 | × | × | 0 | 0 |
| 0 | 0 | 0 | $1D_0$ | $2D_0$ |
| 0 | 0 | 1 | $1D_1$ | $2D_1$ |
| 0 | 1 | 0 | $1D_2$ | $2D_2$ |
| 0 | 1 | 1 | $1D_3$ | $2D_3$ |

3）移位寄存电路。移位寄存电路采用 8 位串入/并出移位寄存器 74LS164。74LS164 是常用的串并转换电路，引脚排列见图 5-11，其功能见表 5-3。由表可知，当清零端（$MR$）为低电平时，输出端 $Q_0 \sim Q_7$ 均为低电平。$A$ 和 $B$ 为串行数据输入端，在时钟脉冲作用下，$Q_0 = A \cdot B$，即当 $A$、$B$ 中任意一个为低电平时，在时钟（$CP$）脉冲上升沿作用下 $Q_0$ 为低电平；当 $A$、$B$ 有一个为高电平时，另一个允许输入数据，并在 $CP$ 上升沿作用下串行数据从 $Q_0 \sim Q_7$ 并行输出。移位寄存电路的输出 $Q_0 \sim Q_7$ 用于驱动 8 路彩灯。

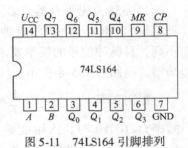

图 5-11　74LS164 引脚排列

表 5-3　74LS164 功能表

| 功　能 | 输　入 | | | 输　出 | |
|---|---|---|---|---|---|
| | $MR$ | $A$ | $B$ | $Q_0$ | $Q_1 \sim Q_7$ |
| 清零 | 0 | × | × | 0 | 0 – 0 |
| 移位 | 1 | 0 | 0 | 0 | $q_0 - q_0$ |
| | 1 | 0 | 1 | 0 | $q_0 - q_0$ |
| | 1 | 1 | 0 | 0 | $q_0 - q_0$ |
| | 1 | 1 | 1 | 1 | $q_0 - q_0$ |

4）控制电路。振荡器 1 输出的脉冲信号，一路作为计数器 74LS161 的计数脉冲，另一路作为移位寄存器的移位脉冲。74LS161 的输出经四选一数据选择器 74LS153 选通，输出的数据信号送到移位寄存器的输入端。数据选择器的地址输入端 $A_1$、$A_0$ 的控制信号由 2 位二进制计数器产生。2 位二进制计数器选用双 D 触发器 74LS74 实现，74LS74 引脚排列见图 5-12，功能见表 5-4。计数脉冲由 555 定时器构成的振荡器 2 提供，计数器输出 00 ~ 11 4 个状态，作为 74LS153 的 4 个数据通道选择信号，对应从 74LS161 输送到数据选择器的 $Q_0$、$Q_1$、$Q_2$、$Q_3$　4 个分频信号。该数据信号在振荡器 2 的输出脉冲作用下，依次传送到移位寄存器的输入端。在时钟脉冲作用下，数据在移位寄存器的 8 位并行输出端从 $Q_0 \sim Q_7$ 顺序移动，进而实现了 4 种方式自动循环切换的流水彩灯。

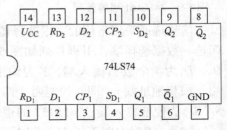

图 5-12　双 D 触发器 74LS74 引脚排列

表 5-4　74LS74 功能表

| 输　入 | | | | 输　出 | |
|---|---|---|---|---|---|
| $S_D$ | $R_D$ | $CP$ | $D$ | $Q$ | $\bar{Q}$ |
| L | H | × | × | H | L |
| H | L | × | × | L | H |
| H | H | ↑ | H | H | L |
| H | H | ↑ | L | L | H |
| H | H | L | × | $Q_0$ | $\bar{Q}_0$ |

间歇功能利用集成单稳态触发器 74121 完成。74121 是一种不可重复触发的单稳态触发器，其引脚排列如图 5-13 所示。74121 有 3 个触发输入端，$A_1$ 和 $A_2$ 是负沿触发的输入端，$B$

是正跳沿触发输入端，外部定时电容 $C_5$ 接在引脚 10 和 11 之间，$C_5$ 取值范围 10pF ~ 10μF。$R_i$ 为内部定时电阻端，阻值为 2kΩ，使用时将引脚 9 与引脚 14 相接即可。$R_{ext}/C_{ext}$ 为外部定时电阻端，使用时将引脚 9 开路，再把外接电阻 $R_{11}$ 接在引脚 11 与引脚 14 之间，$R_{11}$ 取值范围为 2 ~ 40kΩ。74121 输出脉冲宽度 $t_w \approx 0.7 R_{11} C_5$，$t_w$ 的范围可达 20ns ~ 200ms。74121 的功能如表 5-5 所示。

D 触发器组成的二进制计数器输出 $2Q$、$1Q$（$Q_1$、$Q_0$）经 1 个与非门 74LS00 接到触发器的正跳沿触发输入 B 端，与非门输出 $L = \overline{Q_1 Q_0}$。单稳态触发器的输出端 $\overline{Q}$ 接到 74LS161 的异步清零端 $R_D$。在彩灯循环过程中，单稳态触发器不被触发，$\overline{Q} = 1$，清零端 $R_D$ 为高电平，计数器 74LS161 完成计数/分频功能，彩灯按 4 种方式点亮。当 D 触发器组成的计数器输出由 11 变为 00 时，与非门输出 $L$ 由低电平跳变为高电平，74121 被触发，触发器进入暂稳态，$\overline{Q} = 0$。这时，$R_D$ 变为低电平，74LS161 异步清零，移位寄存器输出低电平，灯全灭。2s 后，触发器暂稳态结束，$R_D$ 回到高电平，74LS161 重新开始计数，彩灯循环重新开始。

表 5-5   74121 功能表

| 输　　　入 | | | 输　　　出 | |
| --- | --- | --- | --- | --- |
| $A_1$ | $A_2$ | $B$ | $Q$ | $\overline{Q}$ |
| 0 | × | 1 | 0 | 1 |
| × | 0 | 1 | 0 | 1 |
| × | × | 0 | 0 | 1 |
| 1 | 1 | × | 0 | 1 |
| 1 | ↓ | 1 | 单稳波形输出 | |
| ↓ | 1 | 1 | 单稳波形输出 | |
| ↓ | ↓ | 1 | 单稳波形输出 | |
| 0 | × | ↑ | 单稳波形输出 | |
| × | 0 | ↑ | 单稳波形输出 | |

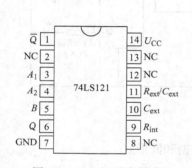

图 5-13   74121 引脚排列

（4）整机原理图

彩灯控制器完整电路如图 5-14 所示。

（5）安装与调试

按照设计的电路在面包板上安装、调试。

1）多谐振荡器 1，振荡器 2。用示波器观察波形并测量振荡周期或频率。

2）计数/分频单元。连接计数器 74LS161，在 $CP$ 脉冲作用下，用示波器观察 $Q_0$、$Q_1$、$Q_2$、$Q_3$ 输出，分别得到计数脉冲的 2、4、8、16 分频信号。

3）2 位二进制计数。连接 74LS74，实现 2 位二进制计数，在 $CP$ 脉冲作用下，用示波器或 LED 观察输出 00 ~ 11 的变化。

4）选通电路。连接数据选择器 74LS153 中的一组，由高低电平开关给定地址信号和数据输入信号，用示波器或 LED 观察输出选通情况。

5）移位寄存单元。连接移位寄存器 74LS164，数据输入 0 或 1，在 $CP$ 脉冲作用下，用 LED 观察输出变化。

6）单稳态触发。连接单稳态触发器 74121，在单拍脉冲作用下，用 LED 观察输出脉宽。

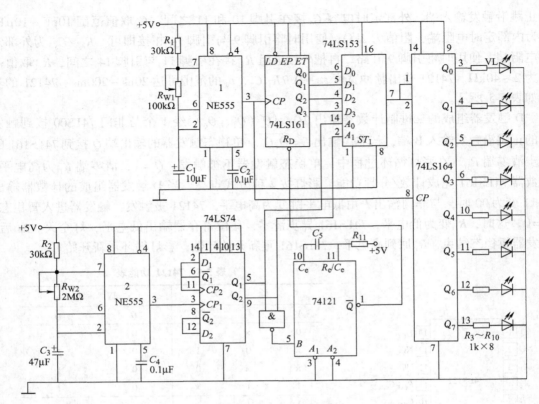

图 5-14　彩灯控制电路

7）整体电路调试。调节电位器，观察彩灯变化，记录数据和波形。

### 5.2.2　设计 1　温度检测设计

**1. 设计任务与要求**

设计并制作一个温度检测系统，输出测量结果并用数码管显示。要求：

1）确定设计方案。

2）进行系统的硬件设计。

3）完成必要的参数计算及元器件选择。

4）完成应用程序设计。

5）进行单元电路及应用程序的调试。

**2. 实验原理**

运用热敏电阻的特性即外界温度变化时热敏电阻的阻值会
发生变化。通过直流电桥实现检测。如图 5-15 所示，$R_1$、$R_2$、
$R_3$、$R_4$ 为电桥的桥臂电阻，$R_L$ 为其负载，当 $R_L \to \infty$ 时，电桥的
输出电压 $U_O$ 应为

$$U_O = E\left(\frac{R_1}{R_1 + R_2} - \frac{R_3}{R_3 + R_4}\right)$$

当电桥平衡时，$U_O = 0\text{V}$，由上式可知 $R_1 R_4 = R_2 R_3$。

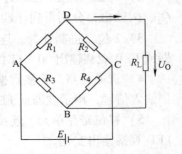

图 5-15　电桥平衡原理图

假设桥臂 $R_1$ 为热敏电阻传感器，其电阻值变化为 $\Delta R_1$，其他桥臂阻值固定，这时电桥输出电压 $U_0 \neq 0$，此时仍可视电桥为开路状态，则不平衡电桥输出电压

$$U_0 = \frac{\left(\dfrac{R_4}{R_3}\right)\left(\dfrac{\Delta R_1}{R_1}\right)}{\left(1 + \dfrac{\Delta R_1}{R_1} + \dfrac{R_2}{R_1}\right)\left(1 + \dfrac{R_4}{R_3}\right)} E$$

设桥臂比 $n = \dfrac{R_2}{R_1}$，由于 $\Delta R_1 \ll R_1$，分母中 $\dfrac{\Delta R_1}{R_1}$ 可以忽略，输出电压为

$$U_0'' = \frac{\left(\dfrac{R_4}{R_3}\right)\left(\dfrac{\Delta R_1}{R_1}\right)}{\left(1 + \dfrac{R_2}{R_1}\right)\left(1 + \dfrac{R_4}{R_3}\right)} E$$

这是理想状况，相比于实际输出电压 $U_0$，由此可求出电桥的绝对非线性误差 $\gamma$

$$\gamma = \frac{U_0 - U_0''}{U_0} = \frac{-\dfrac{\Delta R_1}{R_1}}{\left(1 + \dfrac{\Delta R_1}{R_1} + \dfrac{R_2}{R_1}\right)} = \frac{-\dfrac{\Delta R_1}{R_1}}{\left(1 + \dfrac{\Delta R_1}{R_1} + n\right)}$$

可见非线性误差与电阻相对变化 $\dfrac{\Delta R_1}{R_1}$ 有关，当 $\dfrac{\Delta R_1}{R_1}$ 较大时，不可忽略该误差。

### 3. 方案简介

系统框图如图 5-16 所示，由铂电阻测温桥式电路、运算放大电路、线性校正电路、恒压型三端稳压器、A/D 转换电路、显示电路组成，完成测量温度并显示出来。

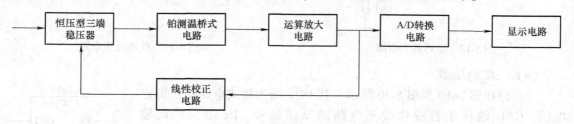

图 5-16　测量温度系统框图

（1）铂电阻测温桥式电路

本实验采用铂测温电阻 PT1000 作为传感器，电路如图 5-17 所示。2 端为来自三端稳压器的输出端，为电桥提供电压；3 端为检测到的变化信号，输出至信号运算放大电路中。首先搭建电路时，通过调节电阻 $R_5$，使电桥平衡，即 A、B 两点之间电压为 0。当电路工作时，铂电阻会根据外界温度不同而体现出不同的阻值，这种变化反映到电压量上即为 A、B 两点的电压发生变化。设 2 端输入电压为 $U_{IN}$，该电路的输出电压

$$E = \frac{R_1 \Delta R}{(R_1 + R_3 + \Delta R)(R_1 + R_3)} U_{IN}$$

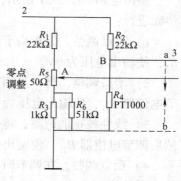

图 5-17　铂测温桥式电路

由于分母中有 $\Delta R$ 项存在，在恒压条件下，除了有测温电阻的非线性误差以外，还有恒压源产生的误差，因此在恒压工作时也需要进行线性校正。

在恒压工作条件下，其输出电压取决于 $U_{IN}$ 和 $R_1$。$R_1 = 22\text{k}\Omega$，$U_{IN} = 10\text{V}$ 时，在 $0 \sim 100℃$ 范围内，电路灵敏度为 $1.575\text{mV}/℃$。为了使用的方便，得到 $10\text{mV}/℃$ 的温度灵敏度，运算放大器的增益应调节为 $6.349$ 倍。

（2）运算放大电路

运算放大电路如图 5-18 所示。运算放大器的输出电压在 $0 \sim 200℃$ 内为 $0 \sim 2\text{V}$，因为输出为正电压，所以运算放大器的供电电压为 15V。运算放大器可选择 LM358，但要注意其温度漂移的影响，或者直接选择低温漂运算放大器。

（3）线性校正电路

线性校正电路如图 5-19 所示。其中的运算放大器用于正反馈线性调整，其输入是线性校正的反馈电压，其输出接三端稳压器 7810 的地端（GND）。

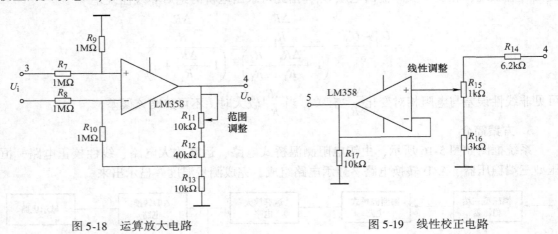

图 5-18　运算放大电路　　　　　　　图 5-19　线性校正电路

（4）三端稳压器

三端稳压器 7810 如图 5-20 所示。其 OUT 端为桥式电路提供恒定电压，GND 端接来自线性校正电路的反馈信号，IN 端为固定输入 15V。

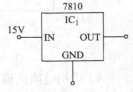

图 5-20　三端稳压器

**4. 实验步骤**

整体电路如图 5-21 所示，调整时先不接入传感器铂电阻，按以下步骤进行：

1）零点调整，把相当于 $0℃$ 的 $1\text{k}\Omega$ 电阻接入如图所示的 A、B 两点，然后调节电位器 $R_5$，使输出电压为 0V。

2）增益调整，将一只相当于 $50℃$ 的电阻 $1.194\text{k}\Omega$ 接入如图所示的 A、B 两点，然后调节电位器 $R_{11}$，使输出电压为 0.5V。

3）线性校正的调整，将一只相当于 $200℃$ 的电阻 $1.758\text{k}\Omega$ 接入如图所示的 A、B 两点，然后调节电位器 $R_{15}$，使输出电压为 2V。

4）反复调整，在调节时不要一步到位，要一点点地改变阻值。重复操作 $1 \sim 3$ 则可得到最合适的值。

5) 连接传感器,将铂电阻接入电路中,则可将测量结果通过后续电路显示。

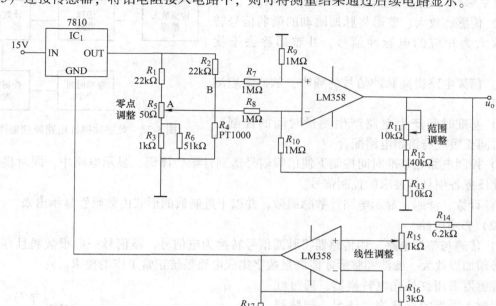

图 5-21 温度检测测量部分

**5. 实验思考**

1) 设计 A/D 电路及显示电路,利用 LED 显示测量值。

2) 考虑怎样设计检测外界压力的电路,如制作一个电子秤。

## 5.2.3 设计 2 数字脉搏计

### 1. 设计任务与要求

数字脉搏计是用来测量一个人心脏跳动次数的电子仪器,也是心电图的主要组成部分。
要求:

1) 用十进制数字显示被测人体的脉搏每分钟跳动的次数,测量范围为 30 ~ 160 次/分。

2) 在短时间内(如 15s 内)测量出每分钟的脉搏数。

3) 测量误差 ±4 次/分。

4) 锁定每分钟的脉搏数。显示计数过程;锁定计数(不显示计数过程)。

5) 清零。手动清零;自动清零。

### 2. 参考元器件

实验箱,锁相环 MC14046(CD4046),计数器(可预置数的 4 位二进制计数器)MC
14526(CD4526),计数器(二/十进制同步加计数器)CD4518,计数器/分频器(14 位二
进制串行计数器/分频器)CD4060,译码器(BCD-锁存/7 段译码/驱动器)MC14511,数码
管(共阴极),缓冲器(反相器),电阻、电容若干。

### 3. 方案简介

(1) 参考框图

数字脉搏计电路原理框图如图 5-22 所示。

1）传感、放大、整形将脉搏跳动的微弱信号转换并放大为相应的电脉冲信号，并整形除去干扰信号。

2）倍频电路提高脉冲信号的频率，从而缩短测量时间。

3）基准时间产生电路产生测量时间的控制信号，时间长短应与倍频电路配合。

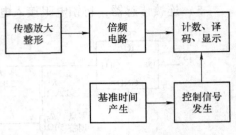

图 5-22　数字脉搏计电路原理框图

4）控制电路在基准时间控制下使倍频信号送到计数、译码、显示电路中，同时提供完成设计任务各项具体要求的控制信号。

5）计数、译码、显示电路计数脉搏数，并以十进制数的形式由数码管显示出来。

（2）参考电路

1）传感与整形电路。用传感器将脉搏信号转换为电信号，该信号一般很微弱且存在干扰，必须加以放大、滤波和整形才能满足数字集成电路系统正常工作的要求。

传感器采用红外光电转换器，通过红外光照射人手指的血脉流动情况，把脉搏跳动转换为电信号，如图 5-23a。该信号经电压放大单元和有源低通滤波电路进行放大和滤波。放大滤波后的信号还需整形。整形电路由滞环电压比较器构成，如图 5-23b。由于 LM339 属于集电级开路输出，使用时输出端应加 2kΩ 的上拉电阻 $R_3$。二极管 VD 的作用是电平转换，将比较器输出的正负脉冲信号变换成正脉冲输出。

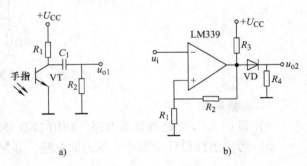

图 5-23　传感与整形电路
a）光电传感单元　b）整形电路

2）锁相环倍频电路。锁相环（Phase Lock Look—PLL）是完成两个电信号相位同步的自动控制系统。其基本原理是利用相位误差作为反馈信号去消除频率误差，当电路达到平衡状态后，频率误差为零，相位误差为一固定的差值，实现无频差的频率跟踪和相位跟踪。锁相环包括鉴相器（phase detector，PD）、环路滤波器（loop filter，LF）和压控振荡器（voltage-controlled oscillator，VCO）3 个基本部件。CMOS 锁相环的组成框图如图 5-24 所示。当输入信号频率 $f_i$ 与输出信号频率 $f_o$ 相等时，称之为锁定，此时 $f_i = f_o$。

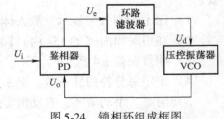

图 5-24　锁相环组成框图

利用锁相环可以构成各种频率变换电路。图 5-25 为利用锁相环组成的倍频电路原理框图。在锁相环路的反馈通路中接入 $N$ 倍分频器，则压控振荡器的输出信号频率 $f_o$ 经 $N$ 分频后，与输入信号进行相位比较。当环路锁定后，鉴相器两个输入信号的频率相等，即

$$f_i = f_o / N$$

则输出信号的频率为

$$f_o = Nf_i$$

改变 $N$ 可以得到 $f_i$ 不同的倍频信号。

CD4046 是目前常见的集成锁相环。利用
CD4046 实现的一种 $N$ 倍频参考电路如图 5-26
所示。电路中 CD4526 是可预置数的 4 位二进
制计数器，用来实现 $N$ 分频。改变置数值，
可以改变 $N$。

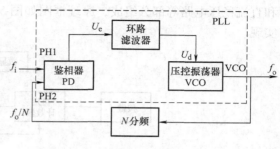

图 5-25　倍频电路原理框图

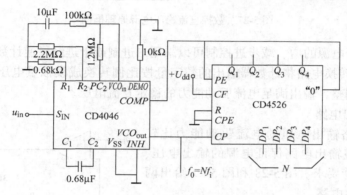

图 5-26　$N$ 倍频电路

### 4. 设计总结要求

按照综合设计型实验步骤（见本章第一节）完成设计、电路安装与调试、技术指标测
试并提交设计总结报告。

## 5.2.4　设计 3　数控直流稳压电源

### 1. 设计任务与要求

设计一数控可调直流稳压电源，功能与主要技术指标为：

1）输出电压 0~9.9V 步进可调，调整步距 0.1V，步进增减可控。

2）输出电流 ≤500mA。

3）纹波 ≤10mV。

4）显示输出电压值用十进制数字显示。

5）输出电压可预置范围 0~9.9V。

6）设计电路工作所需的 ±15V 直流稳压电源（±5V 的直流稳压电源由实验箱提供）。

### 2. 参考元器件

实验箱，D/A 转换器 DAC0832，十进制计数器 74LS217，二进制计数器 74LS191，译码
器 74LS247，数码管（共阴极），运算放大器 LM358，达林顿管 3DD15，集成稳压器 7815、
7915，电阻、电容。

### 3. 方案简介

（1）电路原理框图

设计电路由数控单元（可逆计数器）、D/A 转换器、电压调整输出单元、数字显示单元

和直流稳压电路等部分组成，原理框图如图 5-27 所示。输出电压的调节通过相应按钮开关实现。

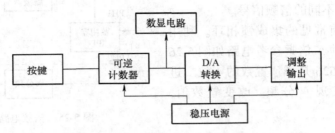

图 5-27　数控直流稳压电源原理框图

数控直流稳压电源的增、减步进控制可以采用二进制或十进制可逆计数器分别作加、减计数实现。数/模转换电路将计数器输出的数字量按比例转换成模拟量电压。该电压根据设计指标要求进行调整，输出满足电流驱动能力的稳定直流电压。

（2）调整输出电路

D/A 转换电路输出电压的电流驱动能力比较低，因此需要调整输出电路保证电源的输出电压、电流指标达到设计要求。图 5-28 和图 5-29 给出两种电压和电流调整电路。

图 5-28 是由运算放大器和大功率达林顿管组成的调整电路。运放和达林顿管组成电压串联负反馈，满足输出电压精度要求。调整反馈电阻值，可以调节输出电压值。选择达林顿管可以较容易的满足电流驱动能力的要求。

图 5-29 为由集成稳压器 7805 组成的电压调节电路。7805 是在输出端和基准点之间输出固定 5V 电压的三端集成稳压器，改变基准点电压值，可以改变输出电压。为达到输出电压调节范围的要求，基准电压应控制在 – 5 ~ 5V。7805 最大输出电流为 1.5A，内部具有过流、短路保护和芯片过热保护等。

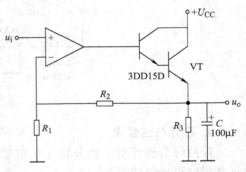

图 5-28　由运放和达林顿管组成调整电路

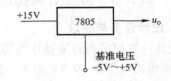

图 5-29　由集成稳压器组成调整电路

**4. 设计总结要求**

按照综合设计型实验步骤（见本章第一节）完成设计、电路安装与调试、技术指标测试并提交设计总结报告。

## 5.2.5　设计 4　乒乓球游戏机

**1. 设计任务与要求**

设计一个有甲、乙两人参赛并能自动裁判和记分的乒乓球游戏模拟电路。具体要求为：

1）设置 8 个发光二极管，每次点亮一个，做为乒乓球运行的当前位置，点亮的 LED 左右移动，代表乒乓球的运动轨迹。

2）两个按钮开关作为球拍，游戏者（甲、乙）各控制一个，按下开关表示发球或击球。

3）乒乓球到达某方的最后一位时，只有按动该方按钮开关才能使球返回，过早或过晚按动开关，球都将消失，多次按动按钮时，只有第一次按动有效。

4）球的运行速度可以调节。

5）甲乙双方各有一个记分牌，用两位数码管显示计分，由数码管显示双方的得分，胜一球累加一分，11 分为一局。

6）一方得分时，电路自动响铃 2s，这期间发球无效，等铃声停止后方能继续比赛。

7）甲乙双方各设置一个发光二极管表示拥有发球权，每得两分自动交换发球权，拥有发球权的一方发球有效。

**2. 参考元器件**

实验箱，74LS194，74LS73，74LS74，74LS93，74LS00，74LS27，74LS04，74LS10，74LS20。

**3. 方案简介**

乒乓球游戏模拟电路原理框图如图 5-30 所示。

用双向移位寄存器的输出控制乒乓球（发光二极管）的移动。先点亮第一个 LED，通过移位寄存器的左右移动，模拟乒乓球的左右移动。发球之前要将移位寄存器清零。

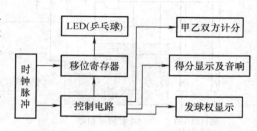

图 5-30　乒乓球游戏模拟电路原理框图

记分电路可由按钮开关（击球）及移位寄存器的输出控制。移位寄存器最左或最右边一位未达到高电平时，按下按钮开关，应该给对方加分。加分的同时，移位寄存器应该停止移动（断开时钟信号）。

控制电路的设计比较灵活，在这里要注意发球、左右移动、犯规、计分等各信号之间的时序关系。可以考虑用 J-K 触发器和门电路组成控制单元。

**4. 设计总结要求**

按照综合设计型实验步骤（见本章第一节）完成设计、电路安装与调试、技术指标测试并提交设计总结报告。

# 5.3 可编程逻辑器件实现的综合设计型实验

## 5.3.1 可编程逻辑器件简介

可编程逻辑器件（Programmable Logic Device，PLD）是随着半导体技术、计算机技术的发展而逐渐成熟起来的。设计人员可以根据自己的设计要求，在芯片厂家提供的可编程逻辑器件的基础上，在实验室内反复设计、修改、完善自己的电子系统。20 世纪 70 年代至今，PLD 已经出现了众多的产品系列，形成了多种结构并存的局面，其集成度从几百门到几千万门不等，其中集成度高的高密度可编程逻辑器件（High-Density PLD，HDPLD），又分为复杂可编程逻辑器件（CPLD）和现场可编程门阵列（Field Programmable Gate Array，FPGA）两类。

**1. 复杂可编程逻辑器件**（CPLD）

CPLD 是在"与-或"结构基础上扩展而成的，多个简单单元经可编程互连结构集合成一个整体。CPLD 大多采用确定型连线结构，确定型连线结构器件内部采用同样长度的连线，信号通过器件的路径长度和延时是固定的且可预知的，连线结构比较简单，但布线不够灵活。CPLD 的基础为宏单元，宏单元由三部分组成：逻辑阵列、乘积项选择矩阵和可编程触发器，如图 5-31 所示。

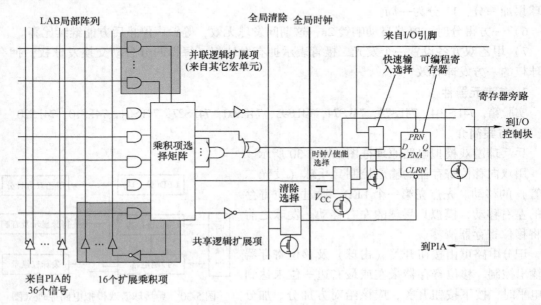

图 5-31　宏单元结构图

逻辑阵列可实现组合逻辑，为每个宏单元提供乘积项。乘积项选择矩阵则分配这些乘积项作为"或门"和"异或门"的主要输入，乘积项还可以作为宏单元中触发器的辅助输入，完成清除、置位、时钟和时钟使能等功能。宏单元的触发器可以单独编程，配置成具有可编程时钟控制端的 D、T、JK 或 RS 触发器工作方式，实现寄存器功能。如果需要，触发器也可被旁路，以实现组合逻辑工作方式。

而多个宏单元又组成一个逻辑阵列块（LAB），其结构框图如图 5-32 所示。对于某些复杂的逻辑，单个宏单元中的 5 个乘积项可能是不够的。CPLD 允许利用共享和并联乘积项作为附加的乘积项直接送到本 LAB 的任意宏单元中。共享扩展项就是将宏单元提供的未使用的乘积项，经反相后反馈到其所在的逻辑阵列（LAB）中，被本 LAB 内其它宏单元使用。并联扩展项就是将其它宏单元中没有使用的乘积项，分配到临近的 LAB 中以实现快速复杂的逻辑功能。

多个 LAB 通过可编程连线阵（PIA）和全局总线连接，实现所需的复杂的逻辑功能。CPLD 的专用输入、I/O 引脚和宏单元的输出均连到 PIA，再由 PIA 将这些信号送到器件中的目的地。

为了利用 CPLD 实现各种逻辑功能，需要将编程数据写入其内部 E²CMOS 结构的可编程单元。现在许多厂家的 CPLD 都支持在系统编程技术（ISP），可以将器件焊在电路板上，通过计算机和专用电缆直接对其进行编程。

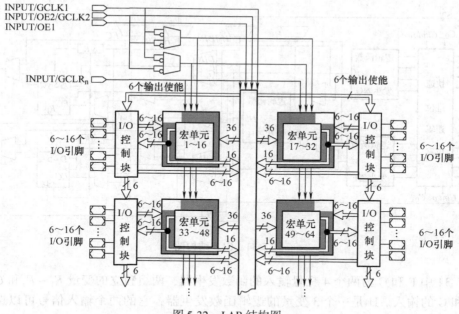

图 5-32　LAB 结构图

### 2. 现场可编程门阵列 FPGA

FPGA 采用 SRAM 编程工艺，用户通过对若干独立的模块进行编程，并将其连接起来构成所需的数字系统，更适合完成各种时序逻辑功能。FPGA 利用查表法（Look Up Table，LUT），构成逻辑函数发生器。图 5-33 是一个两变量的查找表，输入信号 $A$、$B$ 控制多路选择器的输出，当 SRAM 内存储不同的数据时，就可实现不同的组合逻辑函数，例如，当 $D_0 = 1$，$D_2 = 1$，而其他数据为 0 时，$Y = \overline{A}\,\overline{B} + A\,\overline{B}$。由于配置数据采用 SRAM 存储电路，所以 FPGA 断电后需要重新配置。

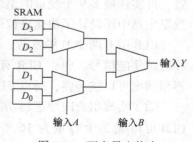

图 5-33　两变量查找表

受存储单元的限制，LUT 输入变量的个数不可能太多，若要实现较大规模的逻辑函数，就要利用多个查找表来实现。在 LUT 的基础上增加触发器，便构成可实现组合逻辑和时序逻辑的基本逻辑单元电路，FPGA 就是由许多这种基本单元电路构成的，这些基本单元电路与门阵列中的单元排列方式类似，所以 FPGA 沿用了门阵列的名称。

FPGA 的基本结构主要包括三部分：可编程逻辑模块（CLB）、输入/输出模块（IOB）、可编程连线资源（PI）。其中 CLB 是器件的核心，用来实现所需的逻辑功能。IOB 是外部引脚数据和内部数据之间的可编程接口，它分布在器件的四周。PI 位于 CLB 之间，通过编程实现各个部分之间的连接。下面以 XiLinx 公司生产的 XC4000E 为例，介绍 FPGA 的基本结构。

XC4000E 系列 CLB 主要由 3 个函数发生器、两个触发器和数据选择器组成的控制电路构成。每个 CLB 有 13 个输入信号，包括 4 个控制信号 $C_1 \sim C_4$、两组 4 变量函数输入 $G_1 \sim G_4$ 和 $F_1 \sim F_4$、一个时钟输入 $CLK$，输出信号有 4 个，包括组合逻辑输出 $X$ 和 $Y$ 以及时序逻辑

输出 $X_Q$ 和 $Y_Q$。其结构图如图 5-34 所示。

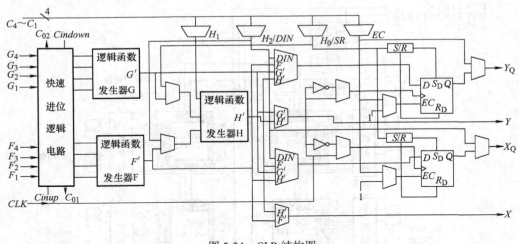

图 5-34　CLB 结构图

图 5-34 中 F 和 G 为两个 4 变量输入的函数发生器，两组独立的变量 $F_1 \sim F_4$ 和 $G_1 \sim G_4$ 分别是 F 和 G 的输入。H 是一个 3 变量的逻辑函数发生器，它的两个输入信号可以选择 G 的输出或外部输入 $H_0$ 及 F 的输出或外部输入 $H_2$，第 3 个输入为外部输入 $H_1$。3 个函数发生器的工作原理与前述介绍的 SRAM 实现逻辑函数的原理类似，通过对函数发生器进行不同的配置，可实现最多 9 个变量的组合逻辑函数。为了提高 FPGA 的运算速度，F 和 G 两个逻辑函数发生器中还设计了快速进位逻辑电路，可将多个 CLB 连接起来，实现多位二进制的加法。

CLB 中有两个 D 触发器，共用时钟脉冲 CLK，通过选择器分别控制触发器的输入信号和时钟使能信号。每个 CLB 有两个组合型输出 X 和 Y 和两个寄存器型输出 $X_Q$ 和 $Y_Q$，寄存器型输出可以被旁路，所以 CLB 最多可用 4 个组合型输出。

除了实现组合时序逻辑功能外，CLB 的编程储存单元还可作为读/写储存器使用。每个 CLB 可构成 2 个容量为 16×1 或 1 个 32×1 的单口 SRAM，或 1 个容量为 16×1 的双口 RAM。

IOB 是 FPGA 外部引脚与内部逻辑的接口，主要由输入/输出寄存器、输入/输出缓冲器，数据选择器构成，可以被配置成输入、输出或双向功能。

当 I/O 引脚作为输出时，内部逻辑信号由 OUT 端进入 IOB 模块，通过选择器控制信号是否反相，再由选择器控制是直接由三态缓冲器输出，还是经输出缓冲器后再输出。缓冲器的使能端可选择高电平或低电平有效。该缓冲器还有摆率控制电路，可设定快速和慢速方式，快速可适应高频信号输出，慢速可降低功耗和噪声。当 I/O 引脚作为输入时，输出缓冲器使能端无效，通过选择器控制信号是直接由输入缓冲器通过 $I_1$、$I_2$ 进入内部，还是由输入寄存器进入内部电路。输入和输出寄存器有各自的时钟信号 ICLK、OCLK，但共用一个时钟使能控制信号 CE。

FPGA 通过可编程连线资源将内部的 CLB 和 IOB 连接起来，完成各种复杂的逻辑功能。图 5-35 给出了 XC4000E 系列的连线资源示意图。连线资源包括可编程连接点、可编程开关矩阵 PSM、单长线、双长线、长线、全局时钟线和进位链（图中未给出）。

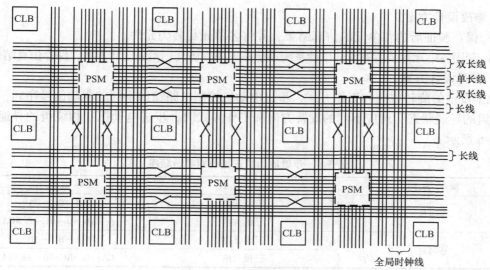

图 5-35　连线资源示意图

可编程连接点实现水平和垂直导线的连接，而开关矩阵实现信号方向的转换。单长线的长度相当于 2 个 CLB 的距离，通过 PSM 和其他单长线相连。双长线的长度是单长线的 2 倍，可绕过相邻的开关矩阵进入下一个开关矩阵。长线不经过开关矩阵，其长度可贯穿整个芯片，适合信号的长距离传输。全局时钟线仅分布在垂直方向，主要传输公共信号，如时钟信号、公共控制信号。

## 5.3.2　设计举例——步进电动机电路控制

### 1. 设计任务

步进电动机每接收一个数字脉冲信号，便旋转一个步进角，由于可以通过数字信号进行控制，步进电动机广泛地应用于自动控制系统中。三相步进电动机的结构如图 5-36 所示，控制 3 个功率管的导通、关断，可以改变 3 相绕组的通电状态，进而控制电动机的旋转方向和步进角度。

设计一步进电动机控制电路，要求具有如下功能：

1）可以控制电动机的正/反转。

2）能够控制电动机的步进运动。

3）具有三相三拍、三相六拍两种工作方式。

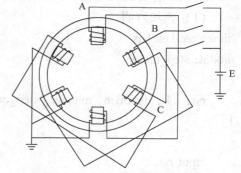

图 5-36　三相步进电动机的结构图

### 2. 设计要求

深入理解系统的逻辑功能，并将其分解为多个单元模块，确定各单元的逻辑功能及连接关系，定义各单元的输入、输出信号，采用中规模集成电路或 Verilog HDL 语言实现设计任务。

1）根据各单元逻辑功能，选择适当的集成译码器、计数器等中规模集成电路进行方案设计，画出原理图。

2）根据各单元逻辑功能，编写相应的 Verilog HDL 语言程序。

3）在 Quartus Ⅱ 中输入原理图文件或 Verilog HDL 语言文件，并建立波形文件，仿真、验证、修改设计方案。

4）保存验证后的各单元的仿真结果，并将各单元封装为元件。

5）利用各单元封装后的元件设计系统顶层原理图，仿真、验证设计方案，保存仿真结果。

**3. 参考设计方案**

根据设定的旋转方向和工作方式，步进电动机控制电路输出不同的驱动信号序列，控制3相绕组的导通状态。对应不同的旋转方向和工作方式时，步进电动机三相绕组的导通顺序如表5-6所示。

表5-6　步进电动机三相绕组导通顺序

| 旋 转 方 向 | 工 作 方 式 | 导 通 顺 序 |
|---|---|---|
| 顺时针 | 三相三拍 | AB→BC→CA |
| | 三相六拍 | A→AB→B→BC→C→CA |
| 逆时针 | 三相三拍 | CA→BC→AB |
| | 三相六拍 | CA→C→BC→B→AB→A |

可见，步进电动机的工作状态共有4种，而不同的工作状态需要不同的驱动信号。比如，为了实现顺时针三相六拍的工作方式，A、B、C的脉冲时序为100→110→010→011→001→101，三相三拍为110→011→101。图5-37显示了步进电动机4种工作方式的导通状态机。

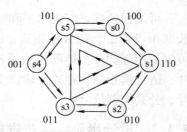

图5-37　步进电动机工作<br>方式的导通状态机

控制电路的 Verilog HDL 语言程序如下所示，其中 rst 为系统启停控制信号，rst = 0 电动机启动，rst = 1 电动机停止；direction 为方向控制信号，direction = 1 电动机顺时针旋转，direction = 0 逆时针旋转；clk 为系统时钟信号；manner 为工作方式设定信号，manner = 0 三拍方式，manner = 1 六拍方式。

（1）模块声明

```
`timescale 1us/1ns
module step_motor
(
    rst, clk, direction, manner, step_out
);

    input rst;
    input clk;
    input direction;
    input manner;
    output [2:0] step_out;


wire [2:0] current_state;
wire [2:0] next_state;
```

```
//控制方向、方式
direction_man direction_man
(
    . rst(rst),. clk(clk),. direction(direction),. manner(manner),. step_out (step_out)
);
endmodule
```

（2）控制电路程序

```
module direction_man (rst, clk, direction, manner, step_out);
inputrst, clk, direction, manner;
output step_out;
reg [2:0] next_state, current_state;
reg [2:0] step_out;
always@ (posedge clk or negedge rst)
if (! rst)
begin
next_state < =3'b000;
end
else if (manner)                          //六拍工作方式
begin
    case (current_state)
    3'b100:
        begin
        step_out < =3'b100;
            if (direction)
            begin
            next_state < =3'b110;
            #1 current_state < =next_state;
            end
            else
            begin
            next_state < =3'b101;
            #1 current_state < =next_state;
            end
        end
    3'b110:
        begin
        step_out < =3'b110;
        if (direction)
            begin
```

```
                next_state < = 3'b010;
                #1 current_state < = next_state;
                end
        else
            begin
            next_state < = 3'b100;
            #1 current_state < = next_state;
            end
        end
    3'b010:
        begin
        step_out < = 3'b010;
        if (direction)
            begin
            next_state < = 3'b011;
            #1 current_state < = next_state;
            end
        else
            begin
            next_state < = 3'b110;
            #1 current_state < = next_state;
            end
        end
    3'b011:
        begin
        step_out < = 3'b011;
        if (direction)
            begin
            next_state < = 3'b001;
            #1 current_state < = next_state;
            end
        else
            begin
            next_state < = 3'b010;
            #1 current_state < = next_state;
            end
        end
    3'b001:
        begin
```

```
        step_out < =3'b001;
        if (direction)
            begin
            next_state < =3'b101;
            #1 current_state < =next_state;
            end
        else
            begin
            next_state < =3'b011;
            #1 current_state < =next_state;
            end
        end
3'b101:
    begin
    step_out < =3'b101;
    if (direction)
        begin
        next_state < =3'b100;
        #1 current_state < =next_state;
        end
    else
        begin
        next_state < =3'b001;
        #1 current_state < =next_state;
        end
    end
default:
    begin
    step_out < =3'b100;
    if (direction)
        begin
        next_state < =3'b110;
        #1 current_state < =next_state;
        end
    else
        begin
        next_state < =3'b101;
        #1 current_state < =next_state;
        end
```

```
            end
        endcase
end
else                            //三拍工作方式;
    begin
    case (current_state)
    3'b110:
        begin
        step_out < =3'b110;
        if (direction)
            begin
            next_state < =3'b011;
            #1 current_state < =next_state;
            end
        else
            begin
            next_state < =3'b101;
            #1 current_state < =next_state;
            end
        end
    3'b011:
        begin
        step_out < =3'b011;
        if (direction)
            begin
            next_state < =3'b101;
            #1 current_state < =next_state;
            end
        else
            begin
            next_state < =3'b110;
            #1 current_state < =next_state;
            end
        end
    3'b101:
        begin
        step_out < =3'b101;
        if (direction)
        begin
```

```
            next_state < =3'b110;
            #1 current_state < =next_state;
            end
        else
        begin
        next_state < =3'b011;
        #1 current_state < =next_state;
        end
    end
    default:
        begin
        step_out < =3'b110;
        if (direction)
            begin
            next_state < =3'b011;
            #1 current_state < =next_state;
            end
        else
            begin
            next_state < =3'b101;
            #1 current_state < =next_state;
            end
        end
    endcase
end
endmodule
```

　　测试程序代码如下：

```
//测试程序
`timescale 1us/1ns
module step_motor_tb;
parameter CLK_DELAY =4;
parameter DIRECTION_DELAY =200;
parameter MANNER_DELAY =100;
regrst;
reg direction;
reg clk;
reg manner;
wire [2:0] step_out;
```

```
initial
    begin
    rst = 1'b0;
    #1 rst = 1'b1;
end
initial
    begin
    clk = 1'b1;
    forever
    # CLK_DELAY clk = ~ clk;
end
initial
    begin
    direction = 1'b0;
    forever
    # DIRECTION_DELAY direction = ~ direction;
end
initial
    begin
    manner = 1'b0;
    forever
    # MANNER_DELAY manner = ~ manner;
    end
```

step_motor step_motor (. rst (rst), . direction (direction), . clk (clk), . manner (manner), . step_out (step_out));

endmodule

仿真测试结果如图 5-38 所示。

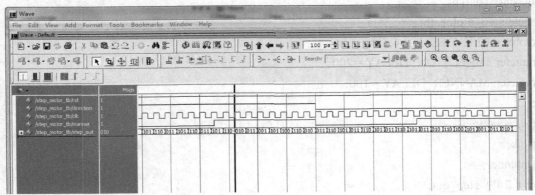

图 5-38　步进电动机系统仿真结果

#### 4. EDA 实验结果

采用杭州康芯电子有限公司研发并生产的 GW48-CK 实验系统进行验证。GW48-CK 实验系统主板如图 5-39 所示。

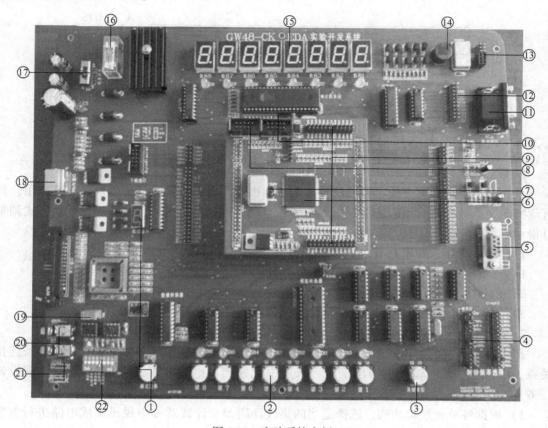

图 5-39　实验系统主板

图中，1 为模式选择键及显示数码管，2 为按键 1 ~ 8 及相应发光管 D1 ~ D16，3 为系统复位键，4 为时钟区，5 为 RS-232 串行通信接口，6 为系统 FPGA 适配板，FPGA 为 Altera 公司 Cyclone III 系列的 EP3C5E144C8，7 为适配板上时钟选择，8 为 FPGA JTAG 下载口，9 为两排插座，可插入字符液晶和点阵液晶，10 为 FPGA 的掉电配置芯片 EPCS1/4 的编程端口，11 为 VGA 端口，12 为 8 个数码管位控制和段控制端，13 为系统提供的 5V 电源，14 为扬声器，15 为数码管 1 ~ 8，16 为保险丝，17 为 + / − 12V 开关，18 为 PS/2 接口，19 为 AD0809 模拟信号输入端电位器，20 为模拟信号输入端口，21 为 DA0832 模拟信号输出端口，22 为拨码开关。

本实验中，工作模式选择模式 5，发光二极管的 D3、D2 和 D1 指示步进电动机驱动信号的状态，按键 8 为复位键，按键 2 和按键 1 分别为工作方式和旋转方向控制信号，时钟信号源选择 CLOCK0，频率 1 Hz。根据 GW48-CK 实验系统文档，确定需锁定的 FPGA 引脚，并将程序下载到实验系统中。图 5-40 给出了不同工作方式时状态指示灯 D3、D2 和 D1 的变化情况。

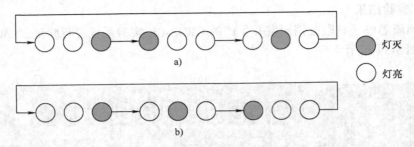

图 5-40　步进电动机驱动信号指示灯

### 5.3.3　设计 1　大小月份自动识别的日历

**1. 设计任务**

日历的数字化大大方便了我们的日常生活。因此，研究数字化日历以及扩大其应用，具有现实意义。数字化日历应能够识别大小月份自动调整每月总天数，并能够以手动方式调整月份和日期。

设计一个日历，要求具有以下功能：

1）一键复位，调整日期和月份到 1 月 1 日。

2）每月天数自动识别。

3）设置两个按键可以分别手动调整月份和日期。

**2. 设计要求**

深入理解系统的逻辑功能，并将其分解为多个单元模块，确定各单元的逻辑功能及连接关系，定义各单元的输入、输出信号，采用中规模集成电路或 Verilog HDL 语言实现设计任务。

1）根据各单元逻辑功能，选择适当的集成译码器、计数器等中规模集成电路进行方案设计，画出原理图。

2）根据各单元逻辑功能，编写相应的 Verilog HDL 语言程序。

3）在 Quartus Ⅱ 中输入原理图文件或 Verilog HDL 语言文件，并建立波形文件，仿真、验证、修改设计方案。

4）保存验证后的各单元的仿真结果，并将各单元封装为元件。

5）利用各单元封装后的元件设计系统顶层原理图，仿真、验证设计方案，保存仿真结果。

**3. 参考设计方案**

根据设计任务要求，电路中应该包括两个计数器，分别计数月份和日期。当前月份为大月时，每月到 31 号时日期归 1，月份加 1；当前月份为小月时，每月到 30 号时日期归 1，月份加 1；当前月份为二月时，每月到 28 号时日期归 1，月份加 1。控制电路如图 5-41 所示。其中 rst 表示一键复位，clk_in 表示日期的时钟信号，add_day 和 add_month 分别表示手动调整日期和月份的按键，month 和

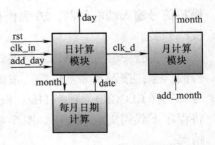

图 5-41　日历系统的结构图

day 是以十六进制分别表示月份和日期。控制电路 Verilog HDL 语言程序如下：

（1）模块声明

```
module calendar
(
clk_in, rst, add_day, add_month, month, day
);
input clk_in;
input rst;
input add_day;
input add_month;
output wire [7:0] month;
output wire [7:0] day;
wire [7:0] date;
control1 control1
(
.clk_in (clk_in), .rst (rst), .add_day (add_day),
.date (date), .clk_d (clk_d), .day (day)
);
control2 control2
(
.clk_d (clk_d), .rst (rst), .add_month (add_month),
.clk_m (clk_m), .month (month)
);
day_month day_month
(
.clk_in (clk_in), .month (month), .date (date)
);
endmodule
```

（2）日期计算模块

```
module control1(clk_in, rst, add_day, date, clk_d, day);
inputclk_in;
inputrst;
input add_day;
input [7:0] date;
output day;
outputclk_d;
regclk_d;
reg [7:0] day;
always@ (posedge clk_in or posedge add_day or negedge rst)    //日计数或日期调整
```

```
    if (! rst)
        begin
        day < = 8'h1;
        end
    else if (add_day)
        begin
            if (day = = date)
                begin
                    clk_d = 1'b1;
                    day = 8'h1;
                end
            else
                begin
                    day = day + 8'h1;
                    clk_d = 1'b0;
                    if (day [3:0]  = = 4'ha)
                        begin
                        day [3:0]  = 4'h0;
                        day [7:4]  = day [7:4]  + 4'h1;
                        end
                end
        end
    else
        begin
            if (day = = date)
                begin
                    clk_d = 1'b1;
                    day = 8'h1;
                end
            else
                begin
                day = day + 8'h1;
                clk_d = 1'b0;
                if (day [3:0]  = = 4'ha)
                begin
                day [3:0]  = 4'h0;
                day [7:4]  = day [7:4]  + 4'b1;
                end
                end
        end
```

```
                end
    endmodule
```

（3）月计算模块

```
    module control2(clk_d, rst, add_month, clk_m, month);
    input clk_d;
    inputrst;
    input add_month;
    output month;
    output clk_m;
    reg [7:0] month;
    regclk_m;
    initial
    begin
    month < =8'b1;
    end
    always@ (posedge clk_d or posedge add_month or negedge rst)    //月计数或月份调整

        if (! rst)
            begin
            month < =8'h1;
            end
        else if (add_month)
            begin
                if (month = =8'h12)
                    begin
                    clk_m =1'b1;
                    month =8'h1;
                    end
                else
                    begin
                        month = month +1'b1;
                        clk_m =1'b0;
                        if (month [3:0]  = =4'ha)
                        begin
                        month [3:0]  =4'h0;
                        month [7:4]  =month [7:4]  +4'h1;
                        end
                    end
            end
```

```
        else
        begin
            if (month = =8'h12)
                    begin
                    clk_m =1'b1;
                    month =8'h1;
                    end
            else
                begin
                    month =month +8'b1;
                    clk_m =1'b0;
                    if (month [3:0] = =4'ha)
                    begin
                    month [3:0] =4'h0;
                    month [7:4] =month [7:4] +4'h1;
                    end
                end
            end
        end
endmodule
```

(4) 每月天数计算模块

```
module day_month (clk_in, month, date);
input [7:0] month;
inputclk_in;
output date;
reg [7:0] date;
always@ (posedge clk_in)
begin
    case (month)                              //判断每月天数
    8'h1: date =8'h31;
    8'h2: date =8'h28;
    8'h3: date =8'h31;
    8'h4: date =8'h30;
    8'h5: date =8'h31;
    8'h6: date =8'h30;
    8'h7: date =8'h31;
    8'h8: date =8'h31;
    8'h9: date =8'h30;
    8'h10: date =8'h31;
    8'h11: date =8'h30;
```

```
        8'h12: date = 8'h31;
        endcase
    end
endmodule
```

仿真测试结果如图 5-42 所示。

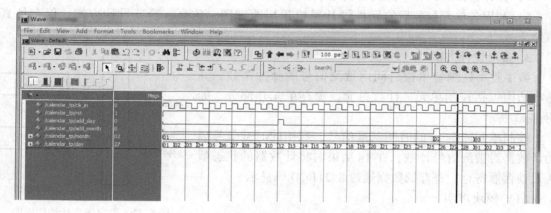

图 5-42　大小月份自动识别的日历仿真结果

#### 4. 实验扩展

1）在日历中加入年份，根据年份判断每年闰月的天数。

2）进入每月的第一天时，点亮 LED 灯 5s。

### 5.3.4　设计 2　数字频率计设计

#### 1. 设计任务

数字频率计直接用十进制数字显示被测信号的频率，被测信号可以是正弦信号、方波信号、尖脉冲信号。配以适当的传感器，数字频率计还可以对许多物理量进行测量，如振动速度、转动速度等，因此，数字频率计是应用范围广泛的测量装置。

数字频率计的基本原理就是测量单位时间内脉冲信号的个数，即

$$f = \frac{N}{T}$$

其中，$f$ 是被测信号的频率，$N$ 是计数器累加的脉冲个数，$T$ 是测量时间。

设计数字频率计，要求具有以下功能：

1）一键复位。

2）电路输入的基准信号为 1Hz，要求测量值以 8421BCD 码形式输出。

3）能够测试 10～10MHz 的方波信号。

#### 2. 设计要求

深入理解系统的逻辑功能，并将其分解为多个单元模块，确定各单元的逻辑功能及连接关系，定义各单元的输入、输出信号，采用中规模集成电路或 Verilog HDL 语言实现设计任务。

1）根据各单元逻辑功能，选择适当的集成译码器、计数器等中规模集成电路进行方案

设计，画出原理图。

2）根据各单元逻辑功能，编写相应的 Verilog HDL 语言程序。

3）在 Quartus Ⅱ 中输入原理图文件或 Verilog HDL 语言文件，并建立波形文件，仿真、验证、修改设计方案。

4）保存验证后的各单元的仿真结果，并将各单元封装为元件。

5）利用各单元封装后的元件设计系统顶层原理图，仿真、验证设计方案，保存仿真结果。

**3. 参考设计方案**

数字频率计测量单位时间内被测信号的脉冲个数，其基本结构包括控制单元、计数单元、锁存单元几部分，如图 5-43 所示。

控制单元产生 1s 的时间基准信号，利用此时基信号启动计数器对被测信号计数，在 1s 结束时将计数器的状态值送入锁存器寄存，寄存的数据通过 8421BCD 码显示。

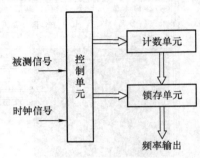

图 5-43　数字频率计结构框图

（1）模块声明

```
module freqdetect
(
    clk_1, fin, rst, d0, d1, d2, d3, d4, d5, d6, d7
);
    input clk_1;
    input fin;
    input rst;
    output d0;
    output d1;
    output d2;
    output d3;
    output d4;
    output d5;
    output d6;
    output d7;
wire [3:0] q0, q1, q2, q3, q4, q5, q6, q7;
wire [3:0] d0, d1, d2, d3, d4, d5, d6, d7;
//控制模块
control control (.clk_1 (clk_1), .rst (rst), .count_en (count_en), .latch_en (latch_en),
.clear (clear));
//计数器
counter counter0(.en_in (count_en), .clear(clear),. rst(rst),. fin(fin),. en_out (en_out0),
.q (q0));
counter counter1 (.en_in (en_out0), .clear (clear), .rst (rst), .fin (fin), .en_out (en_out1),
```

```
. q (q1));
counter counter2 (. en_in (en_out1), . clear (clear), . rst (rst), . fin (fin), . en_out (en_out2),
. q (q2));
counter counter3 (. en_in (en_out2), . clear (clear), . rst (rst), . fin (fin), . en_out (en_out3),
. q (q3));
counter counter4 (. en_in (en_out3), . clear (clear), . rst (rst), . fin (fin), . en_out (en_out4),
. q (q4));
counter counter5 (. en_in (en_out4), . clear (clear), . rst (rst), . fin (fin), . en_out (en_out5),
. q (q5));
counter counter6 (. en_in (en_out5), . clear (clear), . rst (rst), . fin (fin), . en_out (en_out6),
. q (q6));
counter counter7 (. en_in (en_out6), . clear (clear), . rst (rst), . fin (fin), . en_out (en_out7),
. q (q7));
//锁存器
latch1 u1
(
. clk_1 (clk_1), . rst (rst), . latch_en (latch_en),
. q0 (q0), . q1 (q1), . q2 (q2), . q3 (q3), . q4 (q4), . q5 (q5), . q6 (q6), . q7 (q7),
. d0 (d0), . d1 (d1), . d2 (d2), . d3 (d3), . d4 (d4), . d5 (d5), . d6 (d6), . d7 (d7)
);
endmodule
```

（2）控制模块代码

```
module control(clk_1, rst, count_en, latch_en, clear);
inputclk_1, rst;
output count_en, latch_en, clear;
reg count_en, latch_en, clear;
reg [1:0] state;
always@ (posedge clk_1 or negedge rst)
if (! rst)
begin
state < = 2'd0; count_en < = 1'b0;
latch_en < = 1'b0; clear < = 1'b0;
end
else
    begin
    case (state)
    2'd0:                              //计数器开始计数
        begin
        count_en < = 1'b1; latch_en < = 1'b0;
```

```
                clear < = 1'b0; state < = 2'd1;
            end
        2'd1:                                    //锁存器锁存
            begin
            count_en < = 1'b0; latch_en < = 1'b1;
            clear < = 1'b0; state < = 2'd2;
            end
        2'd2:                                    //清零
            begin
            count_en < = 1'b0; latch_en < = 1'b0;
            clear < = 1'b1; state < = 2'd0;
            end
        default:                                 //初始化
            begin
            count_en < = 1'b0; latch_en < = 1'b0;
            clear < = 1'b0; state < = 2'd0;
            end
        endcase
end
endmodule
```

(3) 计数模块代码

```
module counter(en_in, rst, clear, fin, en_out, q);
    input en_in, rst, fin, clear;
    output en_out;
    output [3:0] q;
    reg en_out;
    reg [3:0] q;
    always@ (posedge fin or negedge rst)
    if (! rst)
        begin
        en_out < = 1'b0; q < = 4'b0;
        end
else if (en_in)
        begin
        if (q = = 4'b1001)
            begin
            q < = 4'b0; en_out < = 1'b1;
            end
        else
```

```
                begin
                q < = q + 1'b1; en_out < = 1'b0;
                end
            end
    else if (clear)
        begin
        q < = 4'b0; en_out < = 1'b0;
        end
    else
        begin
        q < = q; en_out < = 1'b0;
        end
endmodule
```

（4）锁存器模块代码

```
module latch1(clk_1, latch_en, rst, q0, q1, q2, q3, q4, q5, q6, q7, d0, d1, d2,
d3, d4, d5, d6, d7);
    inputrst, clk_1, latch_en;
    input [3:0] q0, q1, q2, q3, q4, q5, q6, q7;
    output [3:0] d0, d1, d2, d3, d4, d5, d6, d7;
    reg [3:0] d0, d1, d2, d3, d4, d5, d6, d7;
    always@ (posedge clk_1 or negedge rst)
    if (! rst)
        begin
        d0 < = 4'b0; d1 < = 4'b0; d2 < = 4'b0; d3 < = 4'b0;
        d4 < = 4'b0; d5 < = 4'b0; d6 < = 4'b0; d7 < = 4'b0;
        end
    else if (latch_en)
        begin
        d0 < = q0; d1 < = q1; d2 < = q2; d3 < = q3;
        d4 < = q4; d5 < = q5; d6 < = q6; d7 < = q7;
        end
    else
        begin
        d0 < = d0; d1 < = d1; d2 < = d2; d3 < = d3;
        d4 < = d4; d5 < = d5; d6 < = d6; d7 < = d7;
        end
endmodule
```

这里以 $2.5\text{MHz}$ 作为被测频率，测试程序代码如下：

//测试程序

```
`timescale 1 ns/1 ps
module freqdetect_tb;
parameter CLK1HZ_DELAY = 5_0000_0000;
parameter FIN_DELAY = 200;
reg clk_1;
reg fin;
reg rst;
wire [3:0] d0, d1, d2, d3, d4, d5, d6, d7;
initial
    begin
    rst = 1'b0;
    #1 rst = 1'b1;
end
initial
    begin
    clk_1 = 1'b1;
    forever
    # CLK1HZ_DELAY clk_1 = ~ clk_1;
end
initial
    begin
    fin = 1'b0;
    forever
    # FIN_DELAY fin = ~ fin;
end

freqdetect freqdetect
(
. clk_1 (clk_1), . rst (rst), . fin (fin), . d0 (d0), . d1 (d1), . d2 (d2), . d3 (d3), . d4
(d4), . d5 (d5), . d6 (d6), . d7 (d7));
endmodule
```

仿真测试结果如图 5-44 所示。

**4. 实验扩展**

1) 加入超量程报警功能, 能够使用光或者声音进行报警, 定义最大输入频率 1MHz。

2) 增加显示数码管的 "消隐" 功能。

## 5.3.5　设计 3　停车场车位管理系统

**1. 设计任务**

为了便于车辆进出的控制, 需要通知欲停泊的车辆关于停车场剩余车位的信息及车辆的准入控制。停车场车位管理系统应能实时检测车辆进出、显示停车场空余的泊车位数目，且最大停车位数可设定，提示无空位告警等。

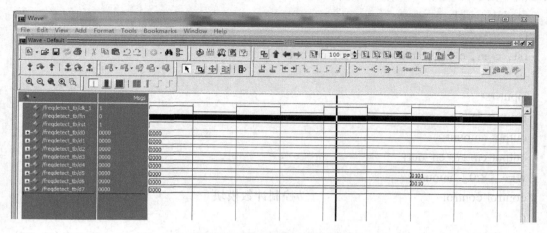

图 5-44　数字频率计仿真结果

设计一个停车场车位管理系统，要求具有以下功能：

1）设置一键强制清空键。清空后，显示停车场最大泊车位数目（如 31 个）。

2）设置方向识别供加/减计数器使用，进车后空余的泊车位数目减 1，出车后空余的泊车位数目加 1。

3）当无空车位时告警提示灯点亮，不准车辆进入。

**2. 设计要求**

深入理解系统的逻辑功能，并将其分解为多个单元模块，确定各单元的逻辑功能及连接关系，定义各单元的输入、输出信号，采用中规模集成电路或 Verilog HDL 语言实现设计任务。

1）根据各单元逻辑功能，选择适当的集成译码器、计数器等中规模集成电路进行方案设计，画出原理图。

2）根据各单元逻辑功能，编写相应的 Verilog HDL 语言程序。

3）在 Quartus II 中输入原理图文件或 Verilog HDL 语言文件，并建立波形文件，仿真、验证、修改设计方案。

4）保存验证后的各单元的仿真结果，并将各单元封装为元件。

5）利用各单元封装后的元件设计系统顶层原理图，仿真、验证设计方案，保存仿真结果。

**3. 参考设计方案**（Verilog HDL 程序）

根据设计任务要求，电路中应包括两个计数器，分别计数进入停车场和离开停车场的车辆数目。当有车辆请求进入或请求离开时，电路会输出显示当前停车场剩余的泊车位数目并发出是否准许进入或者离开的信号。其管理系统结构图如图 5-45 所示。其中 rst 表示的是强制清空信号，c_in 和 c_out 分别表示请求进入停车场和请求离开停车场的信号，en_

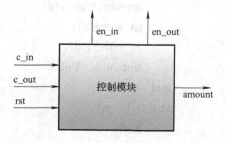

图 5-45　停车场车位管理系统的结构图

in 和 en_out 分别表示是否准许进入停车场和离开停车场的信号。amount 表示停车场当前剩余总泊车位数目。其 Verilog HDL 代码如下：

```
module park1
(
rst, c_in, c_out, amount, en_in, en_out
);
input rst;
input c_in, c_out;
output amount;
output en_in, en_out;
wire [8:0] amount;
control control                          //控制计数模块
(
. rst (rst), . c_in (c_in), . c_out (c_out),. amount(amount),. en_in (en_in), . en_out (en_out)
);
endmodule
module control (rst, c_in, c_out, amount, en_in, en_out); //控制计数模块 Verilog HDL
程序代码
input rst;
input c_in, c_out;
output amount;
output en_in, en_out;
reg en_in, en_out;
reg [8:0] amount, amount1, amount2;
parameter total = 8'd31;

always@ (posedge c_in or posedge c_out or negedge rst )

    if (! rst)                                  //复位
    begin
        amount1 = total;
        amount = amount1;
        en_in = 1'd1;
        en_out = 1'd1;
        amount2 = 8'd0;
    end
    else if (c_in)                              //请求进入停车场信号
        begin
            if (amount1 = = 8'h0)
```

```
                begin
                amount1 = 8'd0;
                en_in = 1'd0;
                end
        else
                begin
                amount1 = amount1 - 5'd1;
                amount = amount1 + amount2;
                en_in = 1'd1;
                end
        end
    else if (c_out)                              //请求离开停车场信号
        begin
            if (amount = = 8'd31)
                begin
                amount = 8'd31;
                en_out = 1'd0;
                end
            else
                begin
                amount2 = amount2 + 5'd1;
                amount = amount1 + amount2;
                en_out = 1'd1;
                end
        end
endmodule
```

这里以两个上升沿触发脉冲作为 c_in，两个上升沿触发脉冲作为 c_out 来测试该程序，测试程序代码如下：

```
//测试程序
`time scale 1ms/1ms
module park1_tb;
parameter DELAY = 10;
reg c_in;
reg c_out;
reg rst;
wire [8:0] amount;
wire en_in, en_out;

initial
```

```
    begin
    rst = 1'b0;
    #1 rst = 1'b1;
end
initial
    begin
    c_in = 1'b0;
    # DELAY c_in = ~ c_in;
    # DELAY c_in = ~ c_in;
    # 30 c_in = ~ c_in;
    # DELAY c_in = ~ c_in;
end
initial
    begin
    c_out = 1'b0;
    # 150 c_out = ~ c_out;
    # DELAY c_out = ~ c_out;
    # 30 c_out = ~ c_out;
    # DELAY c_out = ~ c_out;
    end
park1 park1
(
. rst (rst), . c_in (c_in), . c_out (c_out), . amount (amount), . en_in (en_in), . en_out
(en_out)
);
endmodule
```

仿真测试结果如图 5-46 所示。

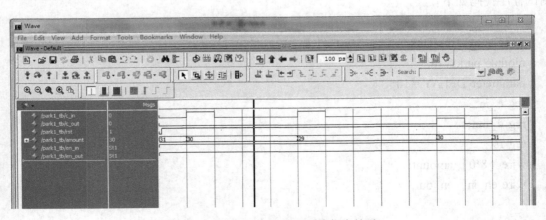

图 5-46 停车场车位管理系统仿真结果

#### 4. 实验扩展

1）手动调节停车场剩余泊车位数目。

2）车辆进入和离开时，利用 LED 灯进行提示。

### 5.3.6　设计 4　交通控制电路设计

#### 1. 设计任务

主干道 A 和支干道 B 交叉的十字路口如图 5-47 所示，两条干道安装有红、黄、绿信号灯和车辆检测传感器 $S_A$、$S_B$。初始情况下，主干道 A 的绿灯亮，支干道 B 的红灯亮，当只有一个干道上有车并请求通行时，相应的传感器输出高电平，该方向通行；其他情况下 A、B 道的车辆轮流通行，且主干道 A 的通行时间为 50s，支干道 B 的通行时间为 30s；另外，在通行之前黄灯闪烁 4s。

设计交通灯控制电路，根据传感器信号 $S_A$、$S_B$ 控制两个方向的信号灯。

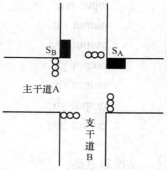

图 5-47　十字路口示意图

#### 2. 设计要求

深入理解系统的逻辑功能，并将其分解为多个单元模块，确定各单元的逻辑功能及连接关系，定义各单元的输入、输出信号，采用中规模集成电路或 Verilog HDL 语言实现设计任务。

1）根据各单元逻辑功能，选择适当的集成译码器、计数器等中规模集成电路进行方案设计，画出原理图。

2）根据各单元逻辑功能，编写相应的 Verilog HDL 语言程序。

3）在 Quartus Ⅱ 中输入原理图文件或 Verilog HDL 语言文件，并建立波形文件，仿真、验证、修改设计方案。

4）保存验证后的各单元的仿真结果，并将各单元封装为元件。

5）利用各单元封装后的元件设计系统顶层原理图，仿真、验证设计方案，保存仿真结果。

#### 3. 参考设计方案（Verilog HDL 程序）

控制电路的结构如图 5-48 所示。包括控制单元和 3 个定时器，控制单元根据信号 $S_A$、$S_B$ 以及系统当前的状态，输出定时器的使能信号 $E_1$、$E_2$、$E_3$ 和信号灯的驱动信号 R、G、Y。当使能信号为"1"时，定时器开始计时，当定时结束时，计时器发出结束信号 C，控制器接收后改变信号灯的驱动信号。

（1）模块声明

交通灯控制电路的 Verilog HDL 语言模块声明代码如下，其中，输入信号为时钟信号 clk、系统复位信号 rst、传感器信号 $S_A$ 和 $S_B$、定时结束信号 $C_1$、$C_2$ 和 $C_3$，输出信号为信号灯驱动信号 $R_A$、$G_A$、$Y_A$ 和 $R_B$、$G_B$、$Y_B$、定时器使能信号 $E_1$、$E_2$ 和 $E_3$。

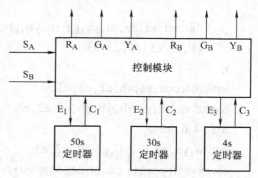

图 5-48　交通灯控制系统的结构图

```
module traff_controller
(
    sa, sb, clk, rst, ra, ya, ga, rb, yb, gb
);
    input sa;
    input sb;
    input clk;
    input rst;
    output ra;
    output ya;
    output ga;
    output rb;
    output yb;
    output gb;

//控制电路;
control control
(
. clk (clk), . rst (rst), . sa (sa), . sb (sb),
. ra (ra), . ya (ya), . ga (ga), . rb (rb), . yb (yb), . gb (gb),
. e1 (e1), . e2 (e2), . e3 (e3), . c1 (c1), . c2 (c2), . c3 (c3)
);
//50s、30s、4s 定时;
counter50 counter50 (. clk (clk), . rst (rst), . e1 (e1), . c1 (c1));
counter30 counter30 (. clk (clk), . rst (rst), . e2 (e2), . c2 (c2));
counter4 counter4 (. clk (clk), . rst (rst), . e3 (e3), . c3 (c3));
endmodule
```

（2）控制电路程序

```
module control
(
    clk,rst,sa,sb,ra,ya,ga,rb,yb,gb,
    e1,e2,e3,c1,c2,c3
);
input clk,rst,sa,sb,c1,c2,c3;
output ra,ya,ga,rb,yb,gb,e1,e2,e3;
reg [1:0]state;
reg ra,ya,ga,rb,yb,gb,e1,e2,e3;
always@(posedge clk or negedge rst)
    if(! rst)
```

```
begin
    state < =2'd0;
end
else
    begin
        case(state)
        2'd0:                          //A 方向通行,B 方向禁止
            begin
            ga < =1'b1;rb < =1'b1;e1 < =1'b1;
            ra < =1'b0;ya < =1'b0;yb < =1'b0;
            gb < =1'b0;e2 < =1'b0;e3 < =1'b0;
            if(c1)
                begin
                state < =2'd1;
                end
            else if(sb)
                begin
                state < =2'd1;
                end
            end
        2'd1:                          //A 方向禁止,B 方向停车
            begin
            ya < =1'b0;yb < =1'b1;rb < =1'b0;
            e3 < =1'b1;ra < =1'b0;ga < =1'b0;
            gb < =1'b0;e1 < =1'b0;e2 < =1'b0;
            if(c3)
                begin
                state < =2'd2;
                end
            end
        2'd2:                          //A 方向禁止,B 方向通行
            begin
            ra < =1'b1;gb < =1'b1;e2 < =1'b1;
            ya < =1'b0;yb < =1'b0;rb < =1'b0;
            ga < =1'b0;e1 < =1'b0;e3 < =1'b0;
            if(c2)
                begin
                    state < =2'd3;
                end
```

```
                    else if(sa)
                            begin
                            state < =2'd3;
                            end
                end
            2'd3:                    //A方向停车,B方向禁止
                begin
                ra < =1'b0;ya < =1'b1;yb < =1'b0;
                e3 < =1'b1;gb < =1'b0;e2 < =1'b0;
                rb < =1'b1;ga < =1'b0;e1 < =1'b0;
                if(c3)
                    begin
                    state < =2'd0;
                    end
                end
            endcase
        end
    endmodule
```

（3）50s定时器单元代码

```
//50s 定时;
module counter50(clk,rst,e1,c1);
input clk,rst,e1;
output c1;
reg c1;
reg [5:0]q;
always@(posedge clk or negedge rst)
    if(! rst)
        begin
        q < =6'b0;
        end
    else
        begin
            if(e1)
                begin
                q < =q+1'b1;
                if(q = =6'b110001)
                begin
                    q < =6'b0;
                    c1 < =1'b1;
```

```
                    end
                end
            else
                begin
                q < = 6'b0;
                c1 < = 1'b0;
                end
            end
endmodule
```

测试程序代码如下：

```
//测试程序
`time scale 1ms/1ms
module traff_controller_tb;
parameter DELAY = 500;
reg clk, sa, sb;
reg rst;
wire ra, ya, ga, rb, yb, gb;
initial
    begin
    rst = 1'b1;
    sa = 1'b0;
    sb = 1'b0;
    #100rst = 1'b0;
    #200rst = 1'b1;
end

initial
    begin
    sa = 1'b0;
    #80000 sa = ~ sa;
    #2000  sa = ~ sa;
end
initial
    begin
    sb = 1'b0;
    # 100000 sb = ~ sb;
    # 2000 sb = ~ sb;
end
initial
```

```
    begin
    clk = 1'b0;
    forever
    # DELAYclk = ~ clk;
end
traff_controller traff_controller
(
    . sa (sa), . sb (sb), . clk (clk), . rst (rst),
    . ra (ra), . ya (ya), . ga (ga), . rb (rb), . yb (yb), . gb (gb)
);
endmodule
```

仿真测试结果如图 5-49 所示。

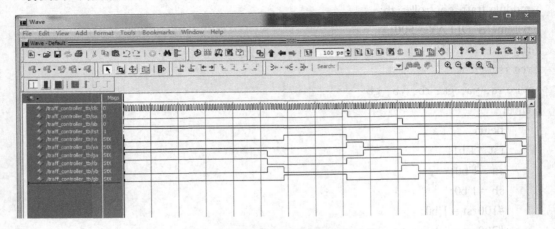

图 5-49　交通控制电路系统仿真结果

#### 4. 实验扩展

1）根据早、中、晚时间段自动调节主干道 A 和支干道 B 的通行时间。

2）增加故障报警信号，提示非正常工作状态。

### 5.3.7　设计 5　数字密码锁设计

#### 1. 设计任务

传统的机械锁应用范围有限，而电子锁相对机械锁使用更加灵活，安全性更高。试设计一个数字密码锁，要求具有以下功能：

1）按下设置密码键对密码进行设置。

2）按下输入密码键，输入密码进行验证。

3）按下验证键，验证密码的对错。

#### 2. 设计要求

深入理解系统的逻辑功能，并将其分解为多个单元模块，确定各单元的逻辑功能及连接关系，定义各单元的输入、输出信号，采用中规模集成电路或 Verilog HDL 语言实现设计任务。

1）根据各单元逻辑功能，选择适当的集成译码器、计数器等中规模集成电路进行方案设计，画出原理图。

2）根据各单元逻辑功能，编写相应的 Verilog HDL 语言程序。

3）在 Quartus Ⅱ 中输入原理图文件或 Verilog HDL 语言文件，并建立波形文件，仿真、验证、修改设计方案。

4）保存验证后的各单元的仿真结果，并将各单元封装为元件。

5）利用各单元封装后的元件设计系统顶层原理图，仿真、验证设计方案，保存仿真结果。

### 3. 参考设计方案

根据设计要求，电路中应该有 9～0 10 个数字按键，分别为 button9、button8、button7、button6、button5、button4、button3、button2、button1 和 button0。还应该有密码设置按键（en_in）、输入密码键（en_check）和验证键（check_in）。控制电路如图 5-50 所示。

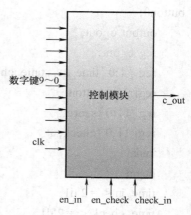

图 5-50 数字密码锁控制电路

按下密码设置键，可以对密码锁上的密码进行设置。本实验密码为 3 位数字。按下输入密码键，输入密码进行验证。按下验证键验证输入的密码是否正确。c_out 为密码锁输出，即验证密码结果，c_out = 1 表示输入密码与密码锁内部密码相同，密码正确；c_out = 0 表示输入密码与密码锁内部密码不同，密码错误。其 Verilog HDL 代码如下：

```
module lock
(
clk, en_in, en_check, check_in, c_out,
button9, button8, button7, button6, button5, button4, button3, button2, button1, button0
);
inputclk, en_in, en_check, check_in;
input button9, button8, button7, button6, button5, button4, button3, button2, button1, button0;
output c_out;
wire c_out;
control control
(
. clk (clk), . en_in (en_in), . en_check (en_check), . check_in (check_in), . c_out (c_out),
. button9 (button9), . button8 (button8), . button7 (button7), . button6 (button6),
. button5 (button5),
. button4 (button4), . button3 (button3), . button2 (button2), . button1 (button1),
. button0 (button0)
);
```

```
endmodule

module control
(
clk, en_in, en_check, check_in, c_out,
button9, button8, button7, button6, button5, button4, button3, button2, button1, button0
);
inputclk, en_in, en_check, check_in;
input button9, button8, button7, button6, button5, button4, button3, button2, button1,
button0;
output c_out;
reg c_out;
reg [1:0]time_in, time_check;
reg[9:0]button;
reg[11:0]secret;
reg[11:0]check;
initial
begin
time_in <= 2'd1;
time_check <= 2'd1;
end
always@ (posedge clk)
    if (en_in)                              //密码设置按键，输入新的密码
        begin

            if (button9 || button8 || button7 || button6 || button5 ||
            button4 || button3 || button2 || button1 || button0)
                case (time_in)
                    2'd1:                               //输入第一位密码
                        begin
                        button = {button9, button8, button7, button6, button5,
                        button4, button3, button2, button1, button0};
                            time_in = time_in + 1'd1;
                            case (button)
                            10'd1:
                                secret[11:8] = 4'd0;
                            10'd2:
                                secret[11:8] = 4'd1;
                            10'd4:
```

```verilog
                    secret[11:8] = 4'd2;
            10'd8:
                    secret[11:8] = 4'd3;
            10'd16:
                    secret[11:8] = 4'd4;
            10'd32:
                    secret[11:8] = 4'd5;
            10'd64:
                    secret[11:8] = 4'd6;
            10'd128:
                    secret[11:8] = 4'd7;
            10'd256:
                    secret[11:8] = 4'd8;
            10'd512:
                    secret[11:8] = 4'd9;
            endcase

        end
    2'd2:                                        //输入第二位密码
        begin
        button = {button9, button8, button7, button6, button5,
        button4, button3, button2, button1, button0};
        time_in = time_in + 1'd1;
        case (button)
            10'd1:
                    secret[7:4] = 4'd0;
            10'd2:
                    secret[7:4] = 4'd1;
            10'd4:
                    secret[7:4] = 4'd2;
            10'd8:
                    secret[7:4] = 4'd3;
            10'd16:
                    secret[7:4] = 4'd4;
            10'd32:
                    secret[7:4] = 4'd5;
            10'd64:
                    secret[7:4] = 4'd6;
            10'd128:
```

```
                        secret[7:4] = 4'd7;
                10'd256:
                        secret[7:4] = 4'd8;
                10'd512:
                        secret[7:4] = 4'd9;
                endcase

        end
    2'd3:                                       //输入第三位密码
        begin
        button = {button9, button8, button7, button6, button5,
        button4, button3, button2, button1, button0};
            time_in = 2'd1;
            case(button)
                10'd1:
                        secret[3:0] = 4'd0;
                10'd2:
                        secret[3:0] = 4'd1;
                10'd4:
                        secret[3:0] = 4'd2;
                10'd8:
                        secret[3:0] = 4'd3;
                10'd16:
                        secret[3:0] = 4'd4;
                10'd32:
                        secret[3:0] = 4'd5;
                10'd64:
                        secret[3:0] = 4'd6;
                10'd128:
                        secret[3:0] = 4'd7;
                10'd256:
                        secret[3:0] = 4'd8;
                10'd512:
                        secret[3:0] = 4'd9;
                endcase

            end
        default
            begin
```

```
                                    time_in < =2'd1;
                                end
                        endcase
                    end
else if (en_check)                          //输入密码键，输入密码进行验证
  begin
        if (button9 | | button8 | | button7 | | button6 | | button5 | |
        button4 | | button3 | | button2 | | button1 | | button0)
            case (time_check)
                2'd1:                           //输入要验证的第一位密码
                begin           button = {button9, button8, button7, button6, button5,
                    button4, button3, button2, button1, button0};
                    time_check = time_check +1'd1;
                    case (button)
                    10'd1:
                        check[11:8] =4'd0;
                    10'd2:
                        check[11:8] =4'd1;
                    10'd4:
                        check[11:8] =4'd2;
                    10'd8:
                        check[11:8] =4'd3;
                    10'd16:
                        check[11:8] =4'd4;
                    10'd32:
                        check[11:8] =4'd5;
                    10'd64:
                        check[11:8] =4'd6;
                    10'd128:
                        check[11:8] =4'd7;
                    10'd256:
                        check[11:8] =4'd8;
                    10'd512:
                        check[11:8] =4'd9;
                    endcase
                end
                2'd2:                           //输入要验证的第二位密码
                begin
                button = {button9, button8, button7, button6, button5,
```

```
                  button4 , button3 , button2 , button1 , button0};
          time_check = time_check +1'd1;
          case (button)
          10'd1 :
                  check[7:4] =4'd0;
          10'd2 :
                  check[7:4] =4'd1;
          10'd4 :
                  check[7:4] =4'd2;
          10'd8 :
                  check[7:4] =4'd3;
          10'd16 :
                  check[7:4] =4'd4;
          10'd32 :
                  check[7:4] =4'd5;
          10'd64 :
                  check[7:4] =4'd6;
          10'd128 :
                  check[7:4] =4'd7;
          10'd256 :
                  check[7:4] =4'd8;
          10'd512 :
                  check[7:4] =4'd9;
          endcase

      end
  2'd3 :                              //输入要验证的第三位密码
  begin
      button = {button9 , button8 , button7 , button6 , button5 ,
              button4 , button3 , button2 , button1 , button0};
      time_check =2'd1;
      case (button)
          10'd1 :
                  check[3:0] =4'd0;
          10'd2 :
                  check[3:0] =4'd1;
          10'd4 :
                  check[3:0] =4'd2;
          10'd8 :
```

```
                                  check[3:0]=4'd3;
                        10'd16:
                                  check[3:0]=4'd4;
                        10'd32:
                                  check[3:0]=4'd5;
                        10'd64:
                                  check[3:0]=4'd6;
                        10'd128:
                                  check[3:0]=4'd7;
                        10'd256:
                                  check[3:0]=4'd8;
                        10'd512:
                                  check[3:0]=4'd9;
                        endcase
                    end
         default
             begin
                    time_check<=1'd1;
                    end
         endcase
    end
    else if (check_in)                                    //密码验证
         begin
             if (check===secret)
             c_out<=1'd1;
             else
             c_out<=1'd0;
         end
endmodule
```

在 Quartus Ⅱ 中仿真测试结果如图 5-51、图 5-52 所示。内部密码为 2、4 和 7，当验证输入的密码为 2、4、7 和 3、5、1 时，c_out 输出分别为 1 和 0。

**4. 实验扩展**

1）能显示已输入键的个数（如显示"＊"号），并能删除指定位的密码并重新录入。

2）10s 内未完成密码验证，或密码错误，返回初始状态。

## 5.3.8　设计 6　电梯控制电路

**1. 设计任务**

假设电梯的初始位置在一层且处于"开门"状态。当电梯上升时，只响应比电梯所在位置高的"上楼"请求，由下而上逐个执行，直到最后一个上楼请求执行完毕。如更高层有下楼请求，则升到此楼层响应此请求，然后便进入下降模式。当电梯处于下降模式时，运行规则与上升模式相反。

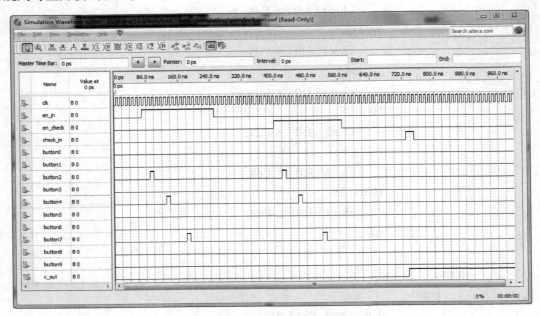

图 5-51　输入正确密码时的仿真结果

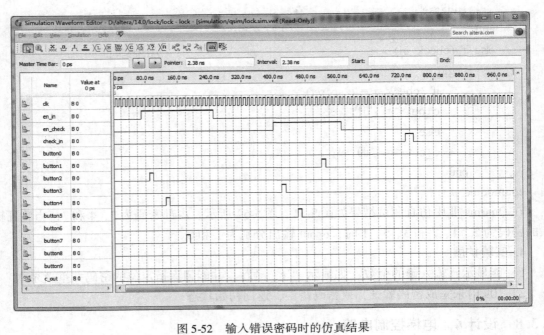

图 5-52　输入错误密码时的仿真结果

电梯每秒升（降）一层楼，当到达有停站请求的楼层后，经过 1s 电梯门打开，开门指示灯亮；开门 4s 后，电梯门关闭，开门指示灯灭；电梯继续运行，直到执行完最后一个请求信号后停在当前层。

设计一个 5 层电梯控制电路，要求能实现上述运行规则并具有如下功能：

1）每层电梯入口处设有"上楼"、"下楼"按键，电梯内设有乘客到达楼层的停站请求按键；

2）设有电梯位置及运行模式（上升或下降）的指示装置；

3）能保存电梯内外的所有请求，按照电梯运行规则逐个响应后，消除请求信号。

**2. 设计要求**

深入理解系统的逻辑功能，并将其分解为多个单元模块，确定各单元的逻辑功能及连接关系，定义各单元的输入、输出信号，采用中规模集成电路或 Verilog HDL 语言实现设计任务。

1）根据各单元逻辑功能，选择适当的集成译码器、计数器等中规模集成电路进行方案设计，画出原理图。

2）根据各单元逻辑功能，编写相应的 Verilog HDL 语言程序。

3）在 Quartus Ⅱ 中输入原理图文件或 Verilog HDL 语言文件，并建立波形文件，仿真、验证、修改设计方案。

4）保存验证后的各单元的仿真结果，并将各单元封装为元件。

5）利用各单元封装后的元件设计系统顶层原理图，仿真、验证设计方案，保存仿真结果。

**3. 参考设计方案**

电梯控制电路结构如图 5-53 所示，包括时钟产生单元、电梯控制单元和电梯位置显示单元 3 部分。其中，时钟单元输出 3 种不同频率的时基信号，分别为控制单元、显示单元和按键信号输入提供相应的时间基准。

根据电梯的运行规则，可以将电梯的状态分为 10 种，分别为"stopon1"（电梯停在一层）、"dooropen"（开门）、"doorcloze"（关门）、"door-wait1"（开门等待第 1s）、"doorwait2"（开门等待第 2s）、"doorwait3"（开门等待第 3s）、"doorwait4"（开门等待第 4s）、"up"（上升）、"down"（下降）和"stop"（停止）。因此，电梯控制单元采

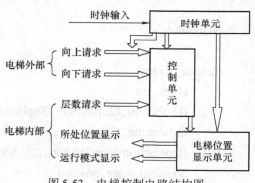

图 5-53　电梯控制电路结构图

用状态机设计方法，电梯上升或下降时，以各种请求信号作为判断条件，决定下一个状态是继续还是停止，当电梯停止时，决定下一个状态是上升、下降还是停止。其 Verilog HDL 代码如下：

```
module lift
(
    liftclk, rst, f1upbutton, f2upbutton, f3upbutton, f4upbutton,
    f2dnbutton, f3dnbutton, f4dnbutton, f5dnbutton,
    stop1button, stop2button, stop3button, stop4button, stop5button,
    doorlight,
    state, position
```

```
);
    input liftclk, rst;                                          //电梯时钟和复位信号
    input f1upbutton, f2upbutton, f3upbutton, f4upbutton;        //各层电梯外部上升按键
    input f2dnbutton, f3dnbutton, f4dnbutton, f5dnbutton;        //各层电梯外部下降按键
    input stop1button, stop2button, stop3button, stop4button, stop5button; //各层电梯内部停止
按键
    output doorlight;                                            //电梯门开关指示灯
    output wire[3:0] state;
    output wire[2:0] position;                                   //电梯当前所在位置

    control control
    (    . liftclk(liftclk),. rst(rst),
        . f1upbutton(f1upbutton),. f2upbutton(f2upbutton),. f3upbutton(f3upbutton),
        . f4upbutton(f4upbutton),
        . f2dnbutton(f2dnbutton),. f3dnbutton(f3dnbutton),. f4dnbutton(f4dnbutton),
        . f5dnbutton(f5dnbutton),
        . stop1button(stop1button),. stop2button(stop2button),. stop3button(stop3button),
        . stop4button(stop4button),. stop5button(stop5button),
        . doorlight(doorlight),. state(state),. position(position)
    );
endmodule

module control
(    liftclk, rst,
    f1upbutton, f2upbutton, f3upbutton, f4upbutton,
    f2dnbutton, f3dnbutton, f4dnbutton, f5dnbutton,
    stop1button, stop2button, stop3button, stop4button, stop5button,
    doorlight, state, position
);
    input liftclk, rst;
    input f1upbutton, f2upbutton, f3upbutton, f4upbutton;
    input f2dnbutton, f3dnbutton, f4dnbutton, f5dnbutton;
    input stop1button, stop2button, stop3button, stop4button, stop5button;
    output doorlight, state, position;
    reg[5:1] fuplight, fdnlight, stoplight;
    reg[2:0] position, pos;
    wire f1upbutton, f2upbutton, f3upbutton, f4upbutton,
        f2dnbutton, f3dnbutton, f4dnbutton, f5dnbutton,
        stop1button, stop2button, stop3button, stop4button, stop5button;
```

```verilog
reg udsign;
reg doorlight;
reg[3:0]state;
always@(posedge liftclk or negedge rst)
    if(! rst)
    begin
    state = 2'd0;
    position = 2'd1;
    pos = 2'd1;
    end
    else
        begin
            fuplight < = {1'b0,f4upbutton,f3upbutton,f2upbutton,f1upbutton};
            fdnlight < = {f5dnbutton,f4dnbutton,f3dnbutton,f2dnbutton,1'b0};
            stoplight < = {stop5button,stop4button,stop3button,stop2button,stop1button};
            case (state)
            4'd0:                                    //电梯停在一层
                if (fuplight [1])
                    begin
                    state < =4'd1;
                    end
                else if(fuplight[4] || fuplight[3] || fuplight[2] ||
                    fdnlight[5] || fdnlight[4] || fdnlight[3] || fdnlight[2])
                    begin
                    state < =4'd7;
                    end
        4'd2:                                        //电梯门关闭状态
        begin
            doorlight < =1'b0;
            case (position)
            3'd1:                                    //电梯门关闭且处于一层
                if(stoplight[2]|| stoplight[3]|| stoplight[4]|| stoplight[5])
                    begin
                    state < =4'd7;
                    end
                else if(fuplight[4] || fuplight[3] || fuplight[2] ||
                fdnlight[5] || fdnlight[4] || fdnlight[3] || fdnlight[2])
                    begin
                    state < =4'd7;
```

```
                    end
                else
                    begin
                    state < =4'd2;
                    end
        3'd2:                              //电梯门关闭且处于二层
            if  (udsign)
                begin
        if(stoplight[3]|| stoplight[4]|| stoplight[5]||fuplight[4]||
fuplight[3]||fdnlight[5]||fdnlight[4]||fdnlight[3])
                    begin
                    state < =4'd7;
                    end
                else if(stoplight[1]||fuplight[1]||fdnlight[1])
                    begin
                    state < =4'd8;
                    end
                else
                    begin
                    state < =4'd2;
                    end
                end
            else
                begin
                if(stoplight[1]||fuplight[1]||fdnlight[1])
                    begin
                    state < =4'd8;
                    end
                else if(stoplight[3]|| stoplight[4]||
                stoplight[5]||fuplight[4]|| fuplight[3]||
                fdnlight[5]||fdnlight[4]||fdnlight[3])
                    begin
                    state < =4'd7;
                    end
                else
                    begin
                    state < =4'd2;
                    end
                end
```

```
         3'd3:                        //电梯门关闭且处于三层
              if (udsign)
                  begin

                      if(stoplight[4]||stoplight[5]||fuplight[4]||
                          fdnlight[5]||fdnlight[4])
                          begin
                          state <= 4'd7;
                          end
                      else if(stoplight[1]||stoplight[2]||
                          fuplight[1]||fdnlight[2]||fuplight[2])
                          begin
                          state <= 4'd8;
                          end
                      else
                          begin
                          state <= 4'd2;
                          end
                  end
              else
                  begin
                  if(stoplight[1]||stoplight[2]||
                      fuplight[1]||fdnlight[2]||fuplight[2])
                      begin
                      state <= 4'd8;
                      end
                  else if(stoplight[4]||stoplight[5]||
                      fuplight[4]||fdnlight[5]||fdnlight[4])
                      begin
                      state <= 4'd7;
                      end
                  else
                      begin
                      state <= 4'd2;
                      end
                  end
         3'd4:                                //电梯门关闭且处于四层
              if(udsign)
                  begin
```

```
                    if(stoplight[5]||fdnlight[5])
                        begin
                        state<=4'd7;
                        end
                    else if(stoplight[1]||stoplight[2]||
                        stoplight[3]||fuplight[1]||fdnlight[2]||
                        fuplight[2]||fdnlight[3]||fuplight[3])
                        begin
                        state<=4'd8;
                        end
                    else
                        begin
                        state<=4'd2;
                        end
                end
        else
            begin
            if(stoplight[1]||stoplight[2]||
            stoplight[3]||fuplight[1]||fdnlight[2]||
            fuplight[2]||fdnlight[3]||fuplight[3])
                    begin
                    state<=4'd8;
                    end
            else if(stoplight[5]||fdnlight[5])
                    begin
                    state<=4'd7;
                    end
            else
                    begin
                    state<=4'd2;
                    end
            end
    3'd5:                                    //电梯门关闭且处于五层
        if(stoplight[4]||stoplight[3]||stoplight[2]||stoplight[1])
            begin
            state<=4'd8;
            end
        else if(fuplight[1]||fuplight[2]||
            fuplight[3]||fuplight[4]||fdnlight[4]||
```

```
                    fdnlight[3]||fdnlight[2])
                    begin
                    state <= 4'd8;
                    end
            else
                    begin
                    state <= 4'd2;
                    end
        endcase
    end
4'd1:                           //电梯门门关闭指示灯亮，并进入开门延迟
    begin
    doorlight <= 1'd1;
    state <= 4'd3;
    end
4'd3:                           //开门延迟 1s
    begin
    state <= 4'd4;
    end
4'd4:                           //开门延迟 2s
    begin
    state <= 4'd5;
    end
4'd5:                           //开门延迟 3s
    begin
    state <= 4'd6;
    end
4'd6:                           //开门延迟 4s，门关闭
    begin
    state <= 4'd2;
    end
4'd7:                           //电梯上升
    begin
    udsign <= 2'd1;
    position <= position + 2'd1;
    pos = pos + 2'd1;
    if(pos < 3'd5 && (stoplight[pos]||fuplight[pos]))
        begin
        state <= 4'd9;
```

```
                    end
          else if(pos = =3'd5 &&(stoplight[pos]||fdnlight[pos]))
                    begin
                    state < =4'd9;
                    end
          else
                    begin
                    state < =4'd2;
                    end
          end
4'd8:                                 //电梯下降
          begin
          udsign < =2'd0;
          position < =position - 2'd1;
          pos = pos - 2'd1;
          if(pos >3'd1 && (stoplight[pos]||fdnlight[pos]))
                    begin
                    state < =4'd9;
                    end
          else if(pos = =3'd1 &&(stoplight[pos]||fuplight[pos]))
                    begin
                    state < =4'd9;
                    end
          else
                    begin
                    state < =4'd2;
                    end
          end
4'd9:                                 //电梯停止
          begin
          state < =4'd1;
          end
          endcase
          end
endmodule
```

仿真测试结果如图 5-54 所示。

**4. 实验扩展**

1）加入电梯超载提醒功能，超载时电梯不能运行。

2）目标楼层与所在楼层相差为 1 时，不响应相应请求。

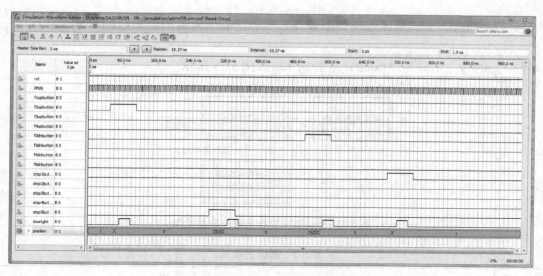

图 5-54　电梯控制电路仿真结果

## 5.3.9　设计 7　SVPWM 算法实现

### 1. 设计任务

SVPWM 相比 SPWM 具有很多优点，但是 SVPWM 在算法的数字实现上较 SPWM 困难很多。运用可编程逻辑器件能够满足 SVPWM 的算法实现。

SVPWM 的实现主要处理以下 3 个任务：

1）判断电压矢量处于哪个扇区，选择作用矢量；

2）计算每个作用电压矢量的作用时间；

3）判断非零电压矢量和零电压矢量的作用顺序。

### 2. 设计要求

深入理解系统的逻辑功能，并将其分解为多个单元模块，确定各单元的逻辑功能及连接关系，定义各单元的输入、输出信号，采用中规模集成电路或 Verilog HDL 语言实现设计任务。

1）根据各单元逻辑功能，选择适当的集成译码器、计数器等中规模集成电路进行方案设计，画出原理图。

2）根据各单元逻辑功能，编写相应的 Verilog HDL 语言程序。

3）在 Quartus Ⅱ 中输入原理图文件或 Verilog HDL 语言文件，并建立波形文件，仿真、验证、修改设计方案。

4）保存验证后的各单元的仿真结果，并将各单元封装为元件。

5）利用各单元封装后的元件设计系统顶层原理图，仿真、验证设计方案，保存仿真结果。

### 3. 参考设计方案

本实验假设电压空间矢量的速度为 25r/min，直流、交流侧的电压 $U_d$ 和 $U_g$ 关系为 $U_d = 2U_g$。在 Verilog HDL 实现时，采用了 24 个电压矢量，即每个扇区 4 个矢量，分别取 7.5°、

22.5°、37.5°和 52.5°。扇区选择如下表 5-7 所示。电压矢量的作用时间分别为：$t_1 = \dfrac{3U_g}{2U_d}$

$\left( \cos\theta - \dfrac{1}{\sqrt{3}} \sin\theta \right) t_g$，$t_2 = \dfrac{\sqrt{3}U_g}{U_d}(\sin\theta) t_g$。控制系统如图 5-55 所示。

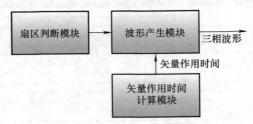

图 5-55　SVPWM 算法实现控制系统图

表 5-7　扇区选择表

| 扇　区 | $u_a$ | $u_b$ | 开 关 顺 序 | | | | | | |
|---|---|---|---|---|---|---|---|---|---|
| 1 | $U_4$ | $U_6$ | 000 | 100 | 110 | 111 | 110 | 100 | 000 |
| 2 | $U_2$ | $U_6$ | 000 | 010 | 110 | 111 | 110 | 010 | 000 |
| 3 | $U_2$ | $U_3$ | 000 | 010 | 011 | 111 | 011 | 010 | 000 |
| 4 | $U_1$ | $U_3$ | 000 | 001 | 011 | 111 | 011 | 001 | 000 |
| 5 | $U_1$ | $U_5$ | 000 | 001 | 101 | 111 | 101 | 001 | 000 |
| 6 | $U_4$ | $U_5$ | 000 | 100 | 101 | 111 | 101 | 100 | 000 |

其 Verilog HDL 代码如下：

（1）模块声明

```
module svpwm (clk, a, b, c);
input clk;
output a, b, c;
wire a, b, c;
wire [11:0] t0, t1, t2, t3, t4, t5, tg;
wire [4:0] area;
wire [2:0] area1;
control control
(
. clk (clk),
. t0 (t0), . t1 (t1), . t2 (t2), . t3 (t3), . t4 (t4), . t5 (t5),
. area (area), . area1 (area1),
. a (a), . b (b), . c (c));
comp comp
(
. clk (clk), . area (area), . area1 (area1),
. t0 (t0), . t1 (t1), . t2 (t2), . t3 (t3), . t4 (t4), . t5 (t5)
```

```
);

endmodule
```

（2）扇区选择模块

```
module control
(
clk,t0,t1,t2,t3,t4,t5,area,area1,a,b,c
);
input clk;
input[11:0] t0,t1,t2,t3,t4,t5;
output area,area1;
output a,b,c;
reg[2:0] c_out;
reg a, b, c;
reg [4:0] area;
reg [2:0] area1;
reg [11:0] tg;
reg [11:0] count;
    initial
    begin
    tg <= 12'd416;
    area <= 3'd0;
    area1 <= 3'd1;
    count <= 12'd1;
    c_out <= 3'd0;
    end
    always@ (posedge clk)
    begin
        count = count + 12'd1;
        a = c_out [2];
        b = c_out [1];
        c = c_out [0];
        if (count = = 12'd416)
            begin
            count = 12'd1;
                area <= area + 3'd1;
                if (area < 5'd4)                              //判断扇区
                area1 <= 3'd1;
                else if (area > = 5'd4 && area < 5'd8)
```

```
            area1 < =3'd2;
            else if (area > =5'd8 && area <5'd12)
            area1 < =3'd3;
            else if (area > =5'd12 && area <5'd16)
            area1 < =3'd4;
            else if (area > =5'd16 && area <5'd20)
            area1 < =3'd5;
            else if (area > =5'd20 && area <5'd23)
                begin
                area1 < =3'd6;
                end
            else
            area < =3'd0;
    end
    case (area1)
    3'd1:
        if (count <t0)
            c_out =3'd0;
        else if (count > =t0 &&count <t1)
            c_out =3'd4;
        else if (count > =t1 &&count <t2)
            c_out =3'd6;
        else if (count > =t2 &&count <t3)
            c_out =3'd7;
        else if (count > =t3 &&count <t4)
            c_out =3'd6;
        else if (count > =t4 &&count <t5)
            c_out =3'd4;
        else if (count > =t5 &&count <tg)
            c_out =3'd0;
    3'd2:
        if (count <t0)
            c_out =3'd0;
        else if (count > =t0 &&count <t1)
            c_out =3'd2;
        else if (count > =t1 &&count <t2)
            c_out =3'd6;
        else if (count > =t2 &&count <t3)
            c_out =3'd7;
```

```
        else if (count > = t3 &&count < t4)
            c_out = 3'd6;
        else if (count > = t4 &&count < t5)
            c_out = 3'd2;
        else if (count > = t5 &&count < tg)
            c_out = 3'd0;
    3'd3:
        if (count < t0)
            c_out = 3'd0;
        else if (count > = t0 &&count < t1)
            c_out = 3'd2;
        else if (count > = t1 &&count < t2)
            c_out = 3'd3;
        else if (count > = t2 &&count < t3)
            c_out = 3'd7;
        else if (count > = t3 &&count < t4)
            c_out = 3'd3;
        else if (count > = t4 &&count < t5)
            c_out = 3'd2;
        else if (count > = t5 &&count < tg)
            c_out = 3'd0;
    3'd4:
        if (count < t0)
            c_out = 3'd0;
        else if (count > = t0 &&count < t1)
            c_out = 3'd1;
        else if (count > = t1 &&count < t2)
            c_out = 3'd3;
        else if (count > = t2 &&count < t3)
            c_out = 3'd7;
        else if (count > = t3 &&count < t4)
            c_out = 3'd3;
        else if (count > = t4 &&count < t5)
            c_out = 3'd1;
        else if (count > = t5 &&count < tg)
            c_out = 3'd0;
    3'd5:
        if (count < t0)
            c_out = 3'd0;
```

```
                else if (count > = t0 &&count < t1)
                    c_out = 3'd1;
                else if (count > = t1 &&count < t2)
                    c_out = 3'd5;
                else if (count > = t2 &&count < t3)
                    c_out = 3'd7;
                else if (count > = t3 &&count < t4)
                    c_out = 3'd5;
                else if (count > = t4 &&count < t5)
                    c_out = 3'd1;
                else if (count > = t5 &&count < tg)
                    c_out = 3'd0;
            3'd6:
                if (count < t0)
                    c_out = 3'd0;
                else if (count > = t0 &&count < t1)
                    c_out = 3'd4;
                else if (count > = t1 &&count < t2)
                    c_out = 3'd5;
                else if (count > = t2 &&count < t3)
                    c_out = 3'd7;
                else if (count > = t3 &&count < t4)
                    c_out = 3'd5;
                else if (count > = t4 &&count < t5)
                    c_out = 3'd4;
                else if (count > = t5 &&count < tg)
                    c_out = 3'd0;
            endcase
    end
endmodule
```

（3）矢量作用时间计算模块

```
module comp(clk, area, area1, t0, t1, t2, t3, t4, t5);
    inputclk;
    input [4:0] area;
    input [2:0] area1;
    output[11:0] t0, t1, t2, t3, t4, t5;
    reg[11:0] t0, t1, t2, t3, t4, t5;
    reg[11:0] t01, t02;
    reg [11:0] tg;
```

```verilog
        reg[4:0]area2;
        reg[2:0]area3;


always@(posedge clk)                        //计算矢量作用时间及各桥臂作用时间
    begin
            tg < =12'd416;
            t0 =(tg - t01 - t02)/3'd4;
            t1 =(tg + t01 - t02)/3'd4;
            t2 =(tg + t01 + t02)/3'd4;
            t3 =(3'd3 * tg - t01 - t02)/3'd4;
            t4 =t3 + t02/3'd2;
            t5 =t4 + t01/3'd2;
            area2 =area % 5'd4;
            area3 =area1 % 3'd2;
            case(area3)
        3'd1:
            if(area2 = =2'd1)
                begin
                t01 =12'd286;
                t02 =12'd47;
                end
            else if(area2 = =2'd2)
                begin
                t01 =12'd219;
                t02 =12'd137;
                end
            else if(area2 = =2'd3)
                begin
                t01 =12'd137;
                t02 =12'd219;
                end
            else if(area2 = =2'd0)
                begin
                t01 =12'd47;
                t02 =12'd286;
                end
        3'd0:
            if(area2 = =2'd1)
                begin
```

```
            t01 = 12'd47;
            t02 = 12'd286;
            end
        else if(area2 = = 2'd2)
            begin
            t01 = 12'd137;
            t02 = 12'd219;
            end
        else if(area2 = = 2'd3)
            begin
            t01 = 12'd219;
            t02 = 12'd137;
            end
        else if(area2 = = 2'd0)
            begin
            t01 = 12'd286;
            t02 = 12'd47;
            end
        endcase
    end
    endmodule
```

仿真测试结果如图 5-56 所示。

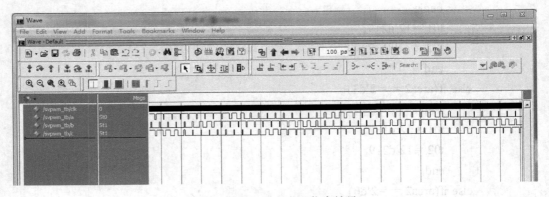

图 5-56   SVPWM 实现仿真结果

**4. 实验扩展**

1）扩展实现 36 矢量 7 段式 SVPWM 算法。

2）任意设置 100 以内的矢量数目。

# 实验室常用集成电路芯片及引脚排列

## 1. 常用的各种集成芯片的引脚排列

四2输入与非门

7400

四2输入与门

7402

六反向器

7404

四2输入与门

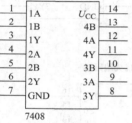

7408

三3输入与非门

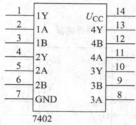

7410

三3输入与门

7411

双4输入与非门

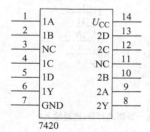

7420

8输入与非门

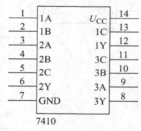

7430

4-10译码器(BCD输入)

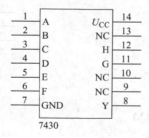

7442

双JK触发器(带清除、负触发)

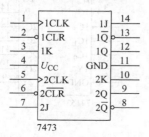

7473

双上升沿D触发器(带清除、负触发)

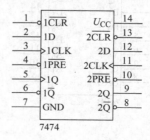

7474

四2输入异或门

| 1 | 1A | $U_{CC}$ | 14 |
| 2 | 1B | 4B | 13 |
| 3 | 1Y | 4A | 12 |
| 4 | 2A | 4Y | 11 |
| 5 | 2B | 3B | 10 |
| 6 | 2Y | 3A | 9 |
| 7 | GND | 3Y | 8 |

7486

四位二进制计数器

| 1 | CKB | CKA | 14 |
| 2 | $RO_1$ | NC | 13 |
| 3 | $RO_2$ | QA | 12 |
| 4 | NC | QD | 11 |
| 5 | $U_{CC}$ | GND | 10 |
| 6 | NC | QB | 9 |
| 7 | NC | QC | 8 |

7493

双JK触发器
(带置位、清零、负触发)

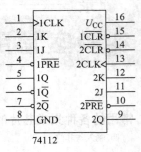

| 1 | 1CLK | $U_{CC}$ | 16 |
| 2 | 1K | $1\overline{CLR}$ | 15 |
| 3 | 1J | $2\overline{CLR}$ | 14 |
| 4 | $1\overline{PRE}$ | 2CLK | 13 |
| 5 | 1Q | 2K | 12 |
| 6 | $1\overline{Q}$ | 2J | 11 |
| 7 | $2\overline{Q}$ | $2\overline{PRE}$ | 10 |
| 8 | GND | 2Q | 9 |

74112

单稳态触发器

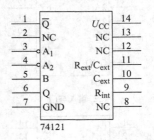

| 1 | $\overline{Q}$ | $U_{CC}$ | 14 |
| 2 | NC | NC | 13 |
| 3 | $A_1$ | NC | 12 |
| 4 | $A_2$ | $R_{ext}/C_{ext}$ | 11 |
| 5 | B | $C_{ext}$ | 10 |
| 6 | Q | $R_{int}$ | 9 |
| 7 | GND | NC | 8 |

74121

3-8译码器

| 1 | $A_0$ | $U_{CC}$ | 16 |
| 2 | $A_1$ | $Y_0$ | 15 |
| 3 | $A_2$ | $Y_1$ | 14 |
| 4 | $\overline{G_{2A}}$ | $Y_2$ | 13 |
| 5 | $\overline{G_{2B}}$ | $Y_3$ | 12 |
| 6 | $G_1$ | $Y_4$ | 11 |
| 7 | $Y_7$ | $Y_5$ | 10 |
| 8 | GND | $Y_6$ | 9 |

74138

双2-4译码器

| 1 | $1\overline{G}$ | $U_{CC}$ | 16 |
| 2 | 1A | $2\overline{G}$ | 15 |
| 3 | 1B | 2A | 14 |
| 4 | $1Y_0$ | 2B | 13 |
| 5 | $1Y_1$ | $2Y_0$ | 12 |
| 6 | $1Y_2$ | $2Y_1$ | 11 |
| 7 | $1Y_3$ | $2Y_2$ | 10 |
| 8 | GND | $2Y_3$ | 9 |

74139

10-4优先编码器

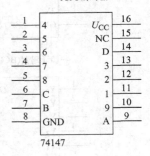

| 1 | 4 | $U_{CC}$ | 16 |
| 2 | 5 | NC | 15 |
| 3 | 6 | D | 14 |
| 4 | 7 | 3 | 13 |
| 5 | 8 | 2 | 12 |
| 6 | C | 1 | 11 |
| 7 | B | 9 | 10 |
| 8 | GND | A | 9 |

74147

8-3优先编码器

| 1 | 4 | $U_{CC}$ | 16 |
| 2 | 5 | E0 | 15 |
| 3 | 6 | GS | 14 |
| 4 | 7 | 3 | 13 |
| 5 | $E_1$ | 2 | 12 |
| 6 | $A_2$ | 1 | 11 |
| 7 | $A_1$ | 0 | 10 |
| 8 | GND | A0 | 9 |

74148

八选一数据选择器(互补输出、选通输入)

| 1 | $D_3$ | $U_{CC}$ | 16 |
| 2 | $D_2$ | $D_4$ | 15 |
| 3 | D1 | $D_5$ | 14 |
| 4 | $D_0$ | $D_6$ | 13 |
| 5 | Y | $D_7$ | 12 |
| 6 | $\overline{Y}$ | $A_0$ | 11 |
| 7 | $\overline{G}$ | $A_1$ | 10 |
| 8 | GND | $A_2$ | 9 |

74151

双四选一数据选择器(选通输入)

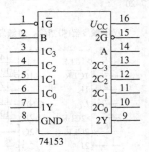

| 1 | $1\overline{G}$ | $U_{CC}$ | 16 |
| 2 | B | $2\overline{G}$ | 15 |
| 3 | $1C_3$ | A | 14 |
| 4 | $1C_2$ | $2C_3$ | 13 |
| 5 | $1C_1$ | $2C_2$ | 12 |
| 6 | $1C_0$ | $2C_1$ | 11 |
| 7 | 1Y | $2C_0$ | 10 |
| 8 | GND | 2Y | 9 |

74153

### 4-16译码器

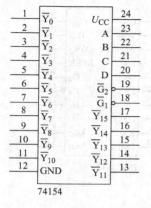

74154

### 十进制同步计数器

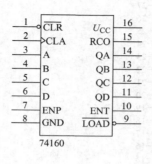

74160

### 四位二进制同步计数器
（异步清除）

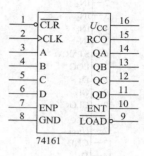

74161

### 四位二进制同步计数器
（同步清除）

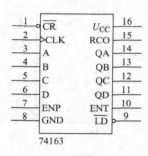

74163

### 四位二进制同步加/减计数器

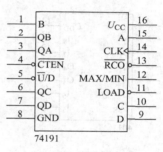

74191

### 四位双向移位寄存器
（并行存取）

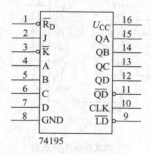

74194

### 四位移位寄存器
（并行存取，J-K输入）

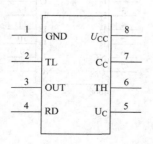

74195

### 555定时器

### 四线-七段译码器/驱动器
（BCD输入，OC，15V）

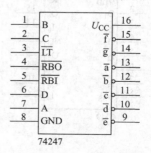

74247

A/D转换器

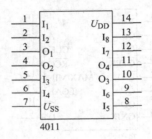

```
        ADC0809
 1 — IN₃        IN₂ — 28
 2 — IN₄        IN₁ — 27
 3 — IN₅        IN₀ — 26
 4 — IN₆        A₀  — 25
 5 — IN₇        A₁  — 24
 6 — STARA      A₂  — 23
 7 — EOC        ALE — 22
 8 — D₃         D₇  — 21
 9 — OE         D₆  — 20
10 — CLOCK      D₅  — 19
11 — U_CC       D₄  — 18
12 — U_REF+     D₀  — 17
13 — GND        U_REF− — 16
14 — D₁         D₂  — 15
```

ADC0809

D/A转换器

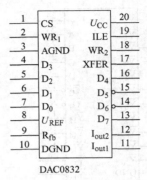

```
        DAC0832
 1 — CS         U_CC   — 20
 2 — WR₁        ILE    — 19
 3 — AGND       WR₂    — 18
 4 — D₃         XFER   — 17
 5 — D₂         D₄     — 16
 6 — D₁         D₅     — 15
 7 — D₀         D₆     — 14
 8 — U_REF      D₇     — 13
 9 — R_fb       I_out2 — 12
10 — DGND       I_out1 — 11
```

DAC0832

四2输入与非门

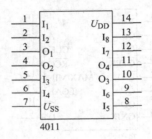

```
        4011
 1 — I₁         U_DD — 14
 2 — I₂         I₈   — 13
 3 — O₁         I₇   — 12
 4 — O₂         O₄   — 11
 5 — I₃         O₃   — 10
 6 — I₄         I₆   — 9
 7 — U_SS       I₅   — 8
```

4011

双4输入与非门

```
        4012
 1 — O₁         U_DD — 14
 2 — I₁         O₂   — 13
 3 — I₂         I₈   — 12
 4 — I₃         I₇   — 11
 5 — I₄         I₆   — 10
 6 — NC         I₅   — 9
 7 — U_SS       NC   — 8
```

4012

双主-从D触发器

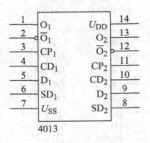

```
        4013
 1 — O₁         U_DD — 14
 2 — Ō₁         O₂   — 13
 3 — CP₁        Ō₂   — 12
 4 — CD₁        CP₂  — 11
 5 — D₁         CD₂  — 10
 6 — SD₁        D₂   — 9
 7 — U_SS       SD₂  — 8
```

4013

锁相环

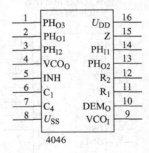

```
        4046
 1 — PH_O3      U_DD — 16
 2 — PH_O1      Z    — 15
 3 — PH_I2      PH_I1 — 14
 4 — VCO_O      PH_O2 — 13
 5 — INH        R₂   — 12
 6 — C₁         R₁   — 11
 7 — C₄         DEM_O — 10
 8 — U_SS       VCO_I — 9
```

4046

六反相缓冲/变换器

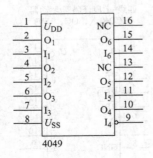

```
        4049
 1 — U_DD       NC  — 16
 2 — O₁         O₆  — 15
 3 — I₁         I₆  — 14
 4 — O₂         NC  — 13
 5 — I₂         O₅  — 12
 6 — O₃         I₅  — 11
 7 — I₃         O₄  — 10
 8 — U_SS       I₄  — 9
```

4049

8输入与非门

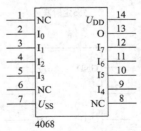

```
        4068
 1 — NC         U_DD — 14
 2 — I₀         O    — 13
 3 — I₁         I₇   — 12
 4 — I₂         I₆   — 11
 5 — I₃         I5   — 10
 6 — NC         I₄   — 9
 7 — U_SS       NC   — 8
```

4068

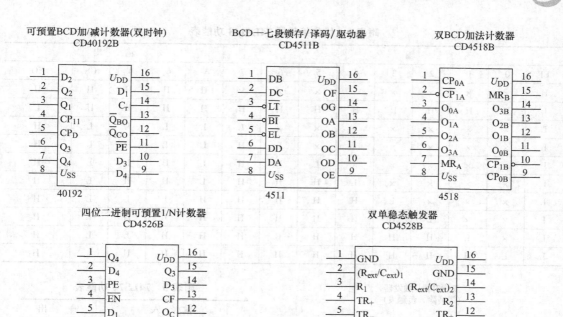

可预置BCD加/减计数器(双时钟)
CD40192B
40192

BCD—七段锁存/译码/驱动器
CD4511B
4511

双BCD加法计数器
CD4518B
4518

四位二进制可预置1/N计数器
CD4526B
4526

双单稳态触发器
CD4528B
4528

## 2. 常用的集成芯片的引脚排列及功能表

10-4优先编码器
74147

8-3优先编码器
74148

附表1　优先编码器 **74LS147** 功能表

| 输　　　入 | | | | | | | | | 输　　出 | | | | |
|---|---|---|---|---|---|---|---|---|---|---|---|---|---|
| 1 | 2 | 3 | 4 | 5 | 6 | 7 | 8 | 9 | D | C | B | A | GS |
| H | H | H | H | H | H | H | H | H | H | H | H | H | 0 |
| × | × | × | × | × | × | × | × | L | L | H | H | L | 1 |
| × | × | × | × | × | × | × | L | H | L | H | H | H | 1 |
| × | × | × | × | × | × | L | H | H | H | L | L | L | 1 |
| × | × | × | × | × | L | H | H | H | H | L | L | H | 1 |
| × | × | × | × | L | H | H | H | H | H | L | H | L | 1 |
| × | × | × | L | H | H | H | H | H | H | L | H | H | 1 |
| × | × | L | H | H | H | H | H | H | H | H | L | L | 1 |
| × | L | H | H | H | H | H | H | H | H | H | L | H | 1 |
| L | H | H | H | H | H | H | H | H | H | H | H | L | 1 |

**附表2  优先编码器 74LS148 功能表**

| 输 入 | | | | | | | | | 输 出 | | | | |
|---|---|---|---|---|---|---|---|---|---|---|---|---|---|
| EI | 0 | 1 | 2 | 3 | 4 | 5 | 6 | 7 | $A_2$ | $A_1$ | $A_0$ | GS | EO |
| H | × | × | × | × | × | × | × | × | H | H | H | H | H |
| L | H | H | H | H | H | H | H | H | H | H | H | H | L |
| L | × | × | × | × | × | × | × | L | L | L | L | L | H |
| L | × | × | × | × | × | × | L | H | L | L | H | L | H |
| L | × | × | × | × | × | L | H | H | L | H | L | L | H |
| L | × | × | × | × | L | H | H | H | L | H | H | L | H |
| L | × | × | × | L | H | H | H | H | H | L | L | L | H |
| L | × | × | L | H | H | H | H | H | H | L | H | L | H |
| L | × | L | H | H | H | H | H | H | H | H | L | L | H |
| L | L | H | H | H | H | H | H | H | H | H | H | L | H |

双上升沿D触发器
(带清除、负触发)

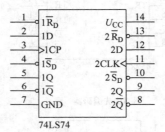

74LS74

**附表3  74LS74 功能表**

| 输 入 | | | | 输 出 | |
|---|---|---|---|---|---|
| $\overline{S}_D$ | $\overline{R}_D$ | CP | D | Q | $\overline{Q}$ |
| L | H | × | × | H | L |
| H | L | × | × | L | H |
| H | H | ↑ | H | H | L |
| H | H | ↑ | L | L | H |
| H | H | L | × | 保持 | 保持 |

四位二进制同步计数器
(异步清零)

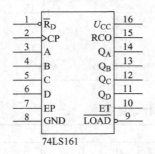

74LS161

四上升沿D触发器

74LS175

**附表4  74LS161 功能表**

| 清零 | 预置 | 使能 | | 时钟 | 预置数据输入 | | | | 输 出 | | | |
|---|---|---|---|---|---|---|---|---|---|---|---|---|
| $\overline{R}_D$ | LD | EP | ET | CP | A | B | C | D | $Q_A$ | $Q_B$ | $Q_C$ | $Q_D$ |
| L | × | × | × | × | × | × | × | × | L | L | L | L |
| H | L | × | × | ↑ | A | B | C | D | A | B | C | D |
| H | H | L | × | × | × | × | × | × | 保持 | | | |
| H | H | × | L | × | × | × | × | × | 保持 | | | |
| H | H | H | H | ↑ | × | × | × | × | 计数 | | | |

**附表 5　74LS175 功能表**

| 输　入 | | | | | | 输　出 | | | |
|---|---|---|---|---|---|---|---|---|---|
| $R_D$ | $CP$ | $1D$ | $2D$ | $3D$ | $4D$ | $1Q$ | $2Q$ | $3Q$ | $4Q$ |
| L | × | × | × | × | × | L | L | L | L |
| H | ↑ | 1D | 2D | 3D | 4D | 1D | 2D | 3D | 4D |
| H | H | × | × | × | × | 保持 | | | |
| H | L | × | × | × | × | 保持 | | | |

四位二进制加/减计数器
（双时钟）

四位双向移位寄存器
（并行存取）

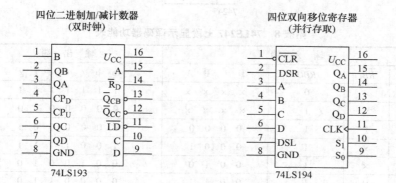

74LS193

74LS194

**附表 6　74LS193 的功能表**

| 清零 | 预置 | 时　钟 | | 预置数据输入 | | | | 输　出 | | | |
|---|---|---|---|---|---|---|---|---|---|---|---|
| $\overline{R_D}$ | $\overline{LD}$ | $CP_U$ | $CP_D$ | $A$ | $B$ | $C$ | $D$ | $Q_A$ | $Q_B$ | $Q_C$ | $Q_D$ |
| H | × | × | × | × | × | × | × | L | L | L | L |
| L | L | × | × | A | B | C | D | A | B | C | D |
| L | H | ↑ | H | × | × | × | × | 加计数 | | | |
| L | H | H | ↑ | × | × | × | × | 减计数 | | | |

**附表 7　74LS194 的功能表**

| 序号 | 清零 $\overline{CLR}$ | 输　入 | | | | | | | | | 输　出 | | | |
|---|---|---|---|---|---|---|---|---|---|---|---|---|---|---|
| | | 控制信号 | | 串行输入 | | 时钟脉冲 $CLK$ | 并行输入 | | | | $Q_D$ | $Q_C$ | $Q_B$ | $Q_A$ |
| | | $S_1$ | $S_0$ | DSL | DSR | | D | C | B | A | | | | |
| 1 | L | × | × | × | × | × | × | × | × | × | L | L | L | L |
| 2 | H | × | × | × | × | H（L） | × | × | × | × | $Q_D{}^n$ | $Q_C{}^n$ | $Q_B{}^n$ | $Q_A{}^n$ |
| 3 | H | H | H | × | × | ↑ | D | C | B | A | D | C | B | A |
| 4 | H | H | L | × | × | ↑ | × | × | × | × | H | $Q_D{}^n$ | $Q_C{}^n$ | $Q_B{}^n$ |
| 5 | H | H | L | L | × | ↑ | × | × | × | × | L | $Q_D{}^n$ | $Q_C{}^n$ | $Q_B{}^n$ |
| 6 | H | L | H | × | H | ↑ | × | × | × | × | $Q_C{}^n$ | $Q_B{}^n$ | $Q_A{}^n$ | H |
| 7 | H | L | H | × | L | ↑ | × | × | × | × | $Q_C{}^n$ | $Q_B{}^n$ | $Q_A{}^n$ | L |
| 8 | H | L | L | × | × | × | × | × | × | × | $Q_D{}^n$ | $Q_C{}^n$ | $Q_B{}^n$ | $Q_A{}^n$ |

四线—七段译码器/驱动器
(BCD输入，OC，15V)

```
        ┌───────────┐
   1 ───┤ B      Ucc ├─── 16
   2 ───┤ C       f̄ ├─── 15
   3 ───┤ LT̄      ḡ ├─── 14
   4 ───┤ RBŌ     ā ├─── 13
   5 ───┤ RBĪ     b̄ ├─── 12
   6 ───┤ D       c̄ ├─── 11
   7 ───┤ A       d̄ ├─── 10
   8 ───┤ GND      ē ├─── 9
        └───────────┘
            74247
```

**附表8  74LS247 七段显示译码器功能表**

| 十进制功能 | 输入端 | | | | | | | 输出端 | | | | | | | 字形 |
|---|---|---|---|---|---|---|---|---|---|---|---|---|---|---|---|
| | $\overline{LT}$ | $\overline{RBI}$ | $\overline{RBO}$ | D | C | B | A | a | b | c | d | e | f | g | |
| 灭灯 | × | × | 0 | × | × | × | × | 1 | 1 | 1 | 1 | 1 | 1 | 1 | 全灭 |
| 试灯 | × | × | 1 | × | × | × | × | 0 | 0 | 0 | 0 | 0 | 0 | 0 | 8 |
| 0 | 1 | 1 | 1 | 0 | 0 | 0 | 0 | 0 | 0 | 0 | 0 | 0 | 0 | 1 | 0 |
| 1 | 1 | × | 1 | 0 | 0 | 0 | 1 | 1 | 0 | 0 | 1 | 1 | 1 | 1 | 1 |
| 2 | 1 | × | 1 | 0 | 0 | 1 | 0 | 0 | 0 | 1 | 0 | 0 | 1 | 0 | 2 |
| 3 | 1 | × | 1 | 0 | 0 | 1 | 1 | 0 | 0 | 0 | 0 | 1 | 1 | 0 | 3 |
| 4 | 1 | × | 1 | 0 | 1 | 0 | 0 | 1 | 0 | 0 | 1 | 1 | 0 | 0 | 4 |
| 5 | 1 | × | 1 | 0 | 1 | 0 | 1 | 0 | 1 | 0 | 0 | 1 | 0 | 0 | 5 |
| 6 | 1 | × | 1 | 0 | 1 | 1 | 0 | 0 | 1 | 0 | 0 | 0 | 0 | 0 | 6 |
| 7 | 1 | × | 1 | 0 | 1 | 1 | 1 | 0 | 0 | 0 | 1 | 1 | 1 | 1 | 7 |
| 8 | 1 | × | 1 | 1 | 0 | 0 | 0 | 0 | 0 | 0 | 0 | 0 | 0 | 0 | 8 |
| 9 | 1 | × | 1 | 1 | 0 | 0 | 1 | 0 | 0 | 0 | 0 | 1 | 0 | 0 | 9 |

### 3. 运算放大器和稳压器

双运算放大器

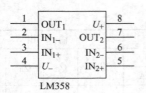

LM358

双运算放大器

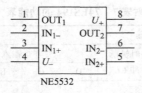

NE5532

四运算放大器

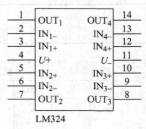

LM324

四电压比较器

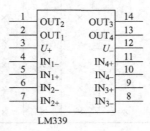

LM339

三端稳压器 78xx。1-输入端，2-地端，3-输出端。

7805 输出电压为 5V，7810 输出电压为 10V。

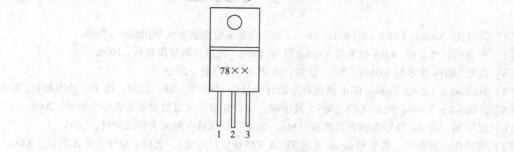

# 参 考 文 献

[1] 林灶生 . Verilog FPGA 芯片设计 [M] . 北京：北京航空航天大学出版社，2006.

[2] 王金明，冷自强 . EDA 技术与 Verilog 设计 [M] . 北京：科学出版社，2008.

[3] 潘松 . EDA 技术与 VHDL [M] . 北京：清华大学出版社，2013.

[4] Michael D Ciletti. Verilog HDL 高级数字设计 [M] . 李广军，译 . 北京：电子工业出版社，2004.

[5] J. Bhasker. Verilog HDL 入门 [M] . 夏宇闻，译 . 北京：北京航空航天大学出版社，2008.

[6] 夏宇闻 . Verilog 数字系统设计教程 [M] . 北京：北京航空航天大学出版社，2003.

[7] 李洪伟，袁斯华 . 基于 Quartus II 的 FPGA/CPLD 设计 [M] . 北京：电子工业出版社，2006.

[8] 赵艳华，等 . 基于 Quartus II 的 FPGA/CPLD 设计与应用 [M] . 北京：电子工业出版社，2009.

[9] 周润景 . 基于 Quartus II 的数字系统 Verilog HDL 设计实例详解 [M] . 北京：电子工业出版社，2014.

[10] 郑亚民，董晓舟 . 可编程逻辑器件开发软件 Quartus II [M] . 北京：国防工业出版社，2006.

[11] 江国强 . EDA 技术与应用 [M] . 2 版 . 北京：电子工业出版社，2007.

[12] 孟庆斌，司敏山 . EDA 实验教程 [M] . 天津：南开大学出版社，2011.

[13] 于斌 . ModelSim 电子系统分析及仿真 [M] . 北京：电子工业出版社，2011.

[14] 刘靳，等 . Verilog 程序设计与 EDA [M] . 西安：西安电子科技大学出版社，2012.

[15] 褚振勇 . FPGA 设计及应用 [M] . 西安：西安电子科技大学出版社，2002.

[16] 周立功，等 . EDA 实验与实践 [M] . 北京：北京航空航天大学出版社，2007.

[17] 方建中，等 . 电子线路综合实验 [M] . 杭州：浙江大学出版社，2007.

[18] 高吉祥，等 . 电子技术基础实验与课程设计 [M] . 北京：电子工业出版社，2011.

[19] 康华光 . 电子技术基础 模拟部分 [M] . 6 版 . 北京：高等教育出版社，2013.

[20] 康华光 . 电子技术基础 数字部分 [M] . 6 版 . 北京：高等教育出版社，2014.

[21] 陈大钦 . 电子技术基础实验 [M] . 2 版 . 北京：高等教育出版社，2000.

[22] 斯蒂芬 L 赫尔曼 . 电子技术实验（英文版）[M] . 北京：机械工业出版社，2004.

[23] 阮秉涛，蔡忠发，樊伟敏，王小海 . 电子技术基础实验教程 [M] . 2 版 . 北京：高等教育出版社，2011.

[24] 刘舜奎，林小榕，李惠钦 . 电子技术实验教程 [M] . 厦门：厦门大学出版社，2008.